湍流问题十讲
——理解和研究湍流的基础

Ten Lectures on the Fluid Turbulence
Essentials of Understanding Turbulence

赵松年　于允贤　著

U0287302

科学出版社

北京

内 容 简 介

本书就如何看待和理解湍流问题简明扼要地论述了湍流问题的主要内容，共有十讲，包括：湍流——世纪难题；流态——N-S 方程；Reynolds 方程——平均场和脉动场；方程的闭合问题——模式理论；动力学途径——Karman-Howarth 方程；谱方法——Kolmogorov 的理论；实验发现——间歇性和拟序结构，非线性动力学方法；标度律——层次结构模型；湍涡能量耗散——同步级串模型；自然界的风洞——大气湍流。书中图文并茂，叙述简练，物理解释详细，数学表述的难度适中，各讲之间既紧密联系又相对立，便于随时阅读，具有很好的可读性，是一本了解和探究湍流问题的有价值的参考书。此外，书中对与湍流有关的主要著作进行了注释，分析了每一本书的特点，建议如何安排阅读顺序，提高阅读效果。可供流体力学、物理学、应用数学、大气科学，计算流体力学、工程热物理学、化学工程、航空科学、海洋科学、机械工程以及相关领域的理工科本科生，研究生和广大科技人员，高等院校教师阅读和自学使用。

图书在版编目（CIP）数据

湍流问题十讲：理解和研究湍流的基础/赵松年,于允贤著. —北京：科学出版社,2015.12
ISBN 978-7-03-046833-8

Ⅰ. ①湍⋯ Ⅱ. ①赵⋯ ②于⋯ Ⅲ. ①湍流-研究 Ⅳ. ①O357.5

中国版本图书馆 CIP 数据核字(2015) 第 312364 号

责任编辑：刘信力／责任校对：邹慧卿
责任印制：赵 博／封面设计：陈 敬

科学出版社出版
北京东黄城根北街 16 号
邮政编码：100717
http://www.sciencep.com

涿州市般润文化传播有限公司印刷
科学出版社发行 各地新华书店经销

*

2016 年 1 月第 一 版 开本：720 × 1000 1/16
2025 年 2 月第九次印刷 印张：10 1/2
字数：210 000
定价：**78.00 元**
(如有印装质量问题，我社负责调换)

献给今后二十年内

关注、研究和对湍流问题有兴趣的读者

走 近 湍 流

$$Re$$

$$\rho\frac{\mathrm{D}\boldsymbol{u}}{\mathrm{D}t} = -\nabla\boldsymbol{p} + \mu\nabla^2\boldsymbol{u} + \boldsymbol{F}$$

$$\frac{\partial\rho}{\partial t} + \nabla\cdot(\rho\boldsymbol{u}) = 0; \quad \nabla\cdot\boldsymbol{u} = 0; \quad \frac{\partial u_i}{\partial x_i} = 0$$

理 解 湍 流

$$\frac{\partial u_i}{\partial t} + u_j\frac{\partial u_i}{\partial x_j} = -\frac{1}{\rho}\frac{\partial p}{\partial x_i} + \frac{\mu}{\rho}\frac{\partial^2 u_i}{\partial x_j\partial x_j} - \frac{\partial(\mu\overline{u_i'u_j'})}{\partial x_j}$$

$$\frac{\partial\rho}{\partial t} + \nabla\cdot(\rho\boldsymbol{u}') = 0; \quad \nabla\cdot\boldsymbol{u}' = 0; \quad \frac{\partial u_i'}{\partial x_i} = 0$$

研 究 湍 流

$$\frac{\partial E(k,t)}{\partial t} = T(k,t) - 2\nu k^2 E(k,t)$$

$$D_{LLL}(r) - 6\nu\frac{\partial D_{LL}(r)}{\partial r} = -\frac{4}{5}\varepsilon r$$

$$E(k) = C_k\varepsilon^{2/3}k^{-5/3}$$

前　　言

　　读者，无论是大学生、研究生，还是教师、科研人员；也无论是已经从事湍流研究的，还是对湍流有兴趣的学者，都很想知道这本小册子所提供的内容是否是他们必需的知识，是否值得花钱去买，然后再花时间去读它。对第一个问题的回答是，只要你对流体或湍流有兴趣，想了解它、想研究它，那么，可以肯定地说，这本小册子叙述的内容是必要的，对于完整地了解和理解湍流，既是最基本的知识，也是已经取得的最重要的结果，看目录就可以确信这一点；对于第二个问题，作者不写一本厚书，而是写一本小册子，就是想让有效的信息量尽可能多，而售价尽可能低，可以花较少的钱就能买到。作者曾经无奈地转辗于不同的研究所和工厂，打工的种类繁多，像电子线路、仪器研制、地震遥测设备、视觉信息处理、脑成像、大气探测等，每次有幸得到一个新任务，就要买很多相关书籍学习和充实需要的知识，待任务结束后，就要处理很多书籍。因此，也就有过多次处理手头书籍的感情纠结，怎能不令人伤感？作者决定写一本小册子，对叙述的内容再三精炼，滤除那些可有可无的知识。然而，对于被选择出来的内容，则是力所能及地详细阐述有关的物理意义，使读者阅读这本小册子时得到一种愉悦和享受，原来曾被困扰的问题竟是这样明白易懂，明白了就会有轻松之感。既然是小册子，阅读就不会花费很多时间，也不需要花钱寻求辅导教师、上补习班。本书就是一本小册子，叙述很随意，不像教科书那样严谨。为了出版这本小册子，作者费尽了心血，内容取舍、结构安排、叙述方式都是极尽认真思考，对湍流研究中的结构学派、统计学派和近年来兴起的非线性动力学派的研究风格和分析方法进行了对比，特别强调了实验对于湍流研究工作的进展具有重要意义，所有这些内容真正让这本小册子值得一读。

　　说到这本小册子的具体内容，主要是以湍流研究的几个主要阶段为主线贯穿起来的，第一个阶段是通过实验发现湍流，也就是 Reynolds 实验和 Reynolds 数 Re 的确定；第二个阶段是通过 Navier-Stokes 方程开始湍流的研究，速度对自身反馈的非线性无法处理；第三个阶段是 Reynolds 方程体现的平均流和脉动流共存的局面和不闭合问题；第四个阶段是研究闭合的方法，半经验的模式理论和湍流边界层理论；第五个阶段是 Taylor 的均匀各向同性湍流理论，尺度问题；第六个阶段是以 Karman-Howarth 方程开始的湍流动力学研究；第七个阶段是以 Kolmogorov 为代表的局地均匀各向同性湍流理论的提出，能谱方法的研究，其中包括速度相关函数和量纲分析，$(-5/3)$ 幂率，普适性问题；第八个阶段是拟序结构和间歇性的实验发现；第九个阶段是计算机硬件的快速发展和各类数值模拟的进展，特别是未来对

N-S 方程的直接模拟, 这一阶段不包括在小册子中。概括起来, 这里提供了湍流研究所需要的主要知识内容, 即流体力学的相关理论, 可以了解 N-S 方程的来龙去脉, 切应力特别是 Reynolds 应力的表达和处理方法; 统计理论, 可以理解湍流随机过程的统计规律, 特别是相关函数的数学描述; 非线性动力学理论, 主要研究层流向湍流转捩的分岔特性并探讨标度律的分形特点。

至于书中用到的一些非常必要的数学知识, 只不过是一些基本的微积分, 在理解和明白了问题的物理解释之后, 必要的数学公式会使理论得到完美的表达。有能力将一个物理思想用数学方式加以描述, 是一个研究者核心的竞争能力的体现, 这本小册子提供了一个练习的机会, 阅读时, 希望读者能获得物理概念的清晰解释并享受数学描述的美感, 体会作者写这本小册子的初衷 —— 作者唯一的要求就是要认真仔细阅读, 勤于思考, 才会走近湍流、理解湍流和研究湍流。

作　者

2014 年 10 月 29 日

致　　谢

　　我们想在这本小册子里感谢许多需要感谢的人。虽然这是一本小册子,但是,写过论文和出版过著作的人都会有切身的体会,一般来说,写短论文和百多页的著作要比长篇巨著困难得多,我们花费了许多心血,进行反复构思和修改,终于完成了这本小册子,也是我们最后的著作。此前我们曾经下决心不再写书了,可是,这一次破例撰写这本小册子,目的既是为了需求湍流问题入门著作的读者,一起感悟湍流复杂性蕴含的分形、自相似、分岔展现出的动力学的形态美;也是为了有机会在我们认为自己最好的著作中表达对他们的感激之情。他们是:

　　中国科学院大气物理研究所的高级实验师程文君和她的伙伴们:胡春红大夫,贾蕊副处长和胡景琳女士,我们每年都会因肺炎难治而住医院,许多住院手续和报账都是她们办理的,而且每次得病也都得到她们的关心和问候。

　　中国科学院大气物理研究所的三位前任所长曾庆存院士、洪钟祥教授和王明星教授,不久前卸任的所长王会军院士和继任朱江所长,我们中的第一作者曾在他们治理下的 LAPC (大气边界层物理和大气化学国家重点实验室) 工作,并得到他们的关注和支持。还有一些朋友和同事,特别是胡非教授、程雪玲研究员、王喜全研究员的关心和问候,马晓光博士、李鹏博士、李德新、谢葆良、王元朝、安磊明等朋友,以及在南京大学大气科学系任教的刘罡博士、彭珍博士的帮助,让我们倍感宽慰。

　　吕达仁院士慷慨地肯定和真诚地支持我们的研究,难能可贵,永志不忘。

　　感谢郭裕福教授的真诚关心和帮助,感谢高守亭教授的信任,也感谢王昭博士为我们及时提供了必要的文献资料。

　　来自北京工业大学的沈兰荪教授、卓力教授和张菁副教授经常关心、看望我们,并和我们进行交流,使我们深深感动。

　　与北京师范大学信息科学与技术学院的姚力教授、解放军 306 医院的金真教授在脑成像方面有过非常愉快的合作,也得到她们的帮助和真诚关怀,一直记忆犹新。

　　中国科学院力学研究所的李伟格老师、王克仁教授给作者提供了许多宝贵的帮助。

　　北京大学力学系的朱照宣教授、物理学院的刘式达教授给予作者许多宝贵的支持和业务方面中肯的建议。通过与北京大学的姜明教授、刘畅博士,信息科技大学的邱钧教授讨论和交流,使作者在图像处理方面获得教益良多;在数值模拟方面得到了北京交通大学计算机科学与技术学院副教授邹琪博士的帮助。

　　还要特别感谢北京大学的范锡钱教授和中国科学院高能物理所的谢家麟院士，在那些艰难的岁月里，给予作者长辈般的关爱和生活上的关照，在中关村的那些凄风苦雨和严寒酷暑的日子里，让作者有一席栖身之地。

　　请读者能够理解和谅解，在此我们深深思念和感恩已经离去的父母亲辈亲人和同辈的亲人们，他们仍然历历在目。感谢和我们一起工作过的同事和朋友们，我们也怀念已经去世的北京大学信息学院的姚国正教授，我们曾经一起度过了物质极度匮乏、精神上备受摧残的岁月。

　　处于困境之中，为生活所迫，我们成了科技领域的打工者，湍流是最后一站。

　　最后，在写这本小册子的过程中，我们参考和阅读了许多流体力学方面的著作和译著，查阅了许多文献，包括少量网络图片，除了在书末列出了这些文献，在此也表示衷心感谢！

　　还要感谢张兆田教授和熊小芸教授，无论是患病时的关心问候，还是工作中遇到困难时宝贵的帮助，都铭记在我们心中。

　　任何批评意见都是我们非常欢迎和感谢的，请发邮件到下列邮箱。

zsnzhao@163.com

赵松年 (中国科学院大气物理所)

zsnzhao@yeah.net

于允贤 (国家地震局减灾中心)

2015 年 1 月 15 日

目　　录

致读者 —— 认识湍流

当你开始阅读这本小册子的时候，最重要的是要通过图片对湍流有一个基本的认识，看一看你生活的周围曾经熟悉的或曾经看见过的现象，比如，天空的积云或海浪的起伏翻滚，或许见到过的袅袅炊烟，或从香烟头升起的一缕轻烟在空气中扩散开来的奇妙图案，或宣泄的瀑布激起的浪花和涡旋，千姿百态，在激流中飞逝……这些都和湍流有关。什么是湍流呢？当前，从下面的图片 (图 1～图 11) 中对湍流有一个初步的甚至粗浅的观感认识就可以了。掀起的波浪不完全是湍流，湍流除了复杂的不规则的动态图案之外，还需要有状态的扩散和涡旋的运动，先记住这些特点，然后随着学习逐步深化这些知识。

图 1 烟羽

图 2 云

图 3 近地层的雾

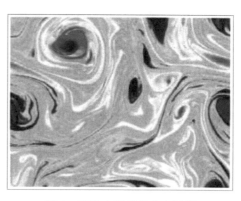

图 4 实验中显示的大小涡旋

图 5　湍急的河流

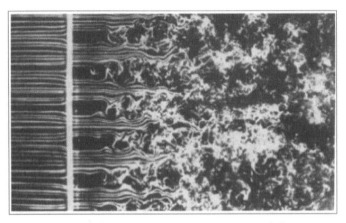

图 6　烟迹实验 (T. Corke 和 H. Nagib)[29]

图中左边规则的烟流通过垂直于烟流方向的有孔阵列的木板, 板厚 1.6mm, 孔径 1.9mm。

在板的后面初段是规则的烟流, 而后就是紊乱的流态, 称之为均匀各向同性湍流

Osborne Reynolds (1842–1912)

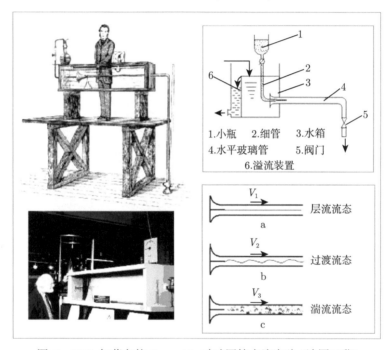

图 7　1883 年著名的 Reynolds 玻璃圆管水流实验 (法国巴黎)

Reynolds 的演示实验装置, 在储水箱出口和玻璃圆管之间有一个喇叭口形状的入口, 以降低水流受干扰, 仔细控制水流速度, 彩色墨水通过细管从入口处注入, 流动状态通过水平放置的长玻璃管显示, 流速可以由玻璃圆管的直径、流动时间和流出的水量计算出来。不断增大流速, 就可以看到图中右下角标注的三种流态:

a. 流速 V_1 时水流是规则的流动, 即层流; b. 流速 V_2 较大, 流动状态开始出现不规则的流动和振荡;

c. 最后, 在流速进一步增大到 V_3 时, 流动完全紊乱, 彩色墨水与水流完全混合, 充满整个玻璃圆管, 也就是湍流流态

图 8 三维湍流的流动

图 9 边界层流场

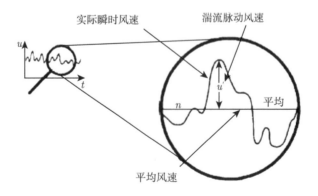

图 10 平均场和脉动场的速度分解

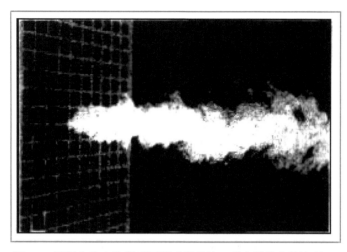

图 11　风洞实验中格栅后面形成的湍流 (引自附录文献注释 8)

感 受 湍 流

除了通过大自然场景和户外看到的湍流景象之外，北方的冬季，办公室和家庭中的暖气供暖，也可以亲身感受到湍流的另一个特点，那就是湍流扩散。一个面积约为 5m×5m 的房间，线尺度就是 $L = 5$m，如果没有空气运动，只靠分子的扩散，在常温常压下的热扩散系数约为 $\gamma = 0.20\text{cm}^2/\text{s}$，那么，从房屋的一端将热量扩散到整个房间，仅以平面计算，则有 $t_m = \dfrac{L \times L}{\gamma} = \dfrac{5 \times 5\text{m}^2}{0.20\text{cm}^2/\text{s}} = \dfrac{25 \times 104}{0.20}\text{s} = 125 \times 10^4\text{s} = 1.25 \times 10^6\text{s} \approx 350\text{h}$，也就是需要 350h 才能使整个房间变暖。可是，实际情况并非如此，暖气片使它周围的温度升高，温度差使空气加速向周围运动，以最保守的估计，处于湍流状态的空气微元，其特征速度不小于 5cm/s，长度为 5m 的距离就需要 100s 的时间，房间因此很快会暖和起来，这和我们实际的感受是一致的，这就是湍流扩散的效果。

第1讲 湍流 —— 世纪难题

1883 年雷诺 (O. Reynolds) 的圆管水流实验演示了流体随着来流速度的增加由规则的流动转变为紊乱的流动, 引起当时科学界的很大兴趣。进而, 雷诺对具有黏性的流体的牛顿方程, 也就是 Navier(1827)-Stokes(1845) 方程进行了平均处理 (1889), 意想不到的是比方程数目多出一个未知函数, 出现了闭合问题, 显示了求解 Navier-Stokes (N-S) 方程的极大困难, 从而吸引了包括当时的著名力学家在内的许多研究人员的兴趣。当然, 真正投身于其中的仍然是很少的几位流体力学大家。当人们认识到 N-S 方程的非线性项不能用已知的数学方法求解, 平均方法又遇到很难理解的闭合问题时, 人们便开始寻求其他的途径。在傅里叶变换盛行的时期, 统计模式和谱方法就成为研究湍流的主要数学工具, 自然也成为解决实际问题的有效方法。不过, 数学家们对于这种似乎 "零敲碎打" 的做法并不热衷。例如, 他们想要知道是: 如果 N-S 方程的定解条件是光滑的, 那么其解的光滑性是否永远得以保持, 还是在有限时间之后出现奇性? 研究湍流的一些科学家, 如雷诺, 泰勒 (G. I. Taylor), 冯·卡门 (von Karman) 和亨茨 (J. O. Hinze) 等论及湍流时, 无一例外地认为它是一种不规则的流动, 自然也就重视它的统计平均特性。实际上, 湍流基本方程 (即雷诺方程) 的封闭性问题已经耗去了许多力学家的精力和大量时光, 各种平均方法陆续被提出, 包括一些参数化方法在内。可是, 取得成就的自然是极少数研究者。例如, 前期的: 斯托克斯 (G. G. Stokes), 泊肃叶 (J. L. M. Poiseuille), 库奈特 (M. Couette) 等; 中期的: 普朗特 (L. Prandtl), 泰勒, 柯尔莫果洛夫, 奥布霍夫 (A. M. Oboukhov), 朗道 (L. D. Landau), 奥萨格 (S. A. Orzag), 林家翘 (C. C. Lin), 冯·卡门, 周培源, G. K. Batchelor 等, 这是湍流研究的高峰期, 甚至物理学家 L. 昂萨格, 李政道, W. K. 海森伯也都涉足其中; 近期的: U. Frisch, B. Mandelbrot 等。他们更感兴趣的可能是: 如何从 N-S 方程可以获得对湍流的完整的描述, 或者转捩过程是怎样发生的。一百多年来, 随着科学技术的进步, 探测方法的改进和完善, 新的测量仪器的出现, 特别是计算机科学的飞速发展, 如超级计算机的大量涌现、云计算的发展, 使得各种数值模式得以实现, 湍流研究也取得了可喜的进展。然而, 我们对于湍流本质的了解, 仍然是凭实验和观测, 也就是凭经验的, 只有为数不多的几种湍流预测是从理论上推导出来的。流体力学家把湍流定义为一个连续的不规则流动或者一个连续的不稳定状态。例如, 在紊乱的空气或河流里, 流体任何一点的运动速度和方向, 是不断地、不规则地变化着, 而流体却沿着固定的方向继续流动。湍流在平稳的层流中的发展演化是一个连续的过程，起初的一个或几个不稳定会激起湍流，它继续增强直到更高程度的不稳定，最后完全发展成湍流 —— 发达湍流。也就是说，流体力学家想要知道的是一个平稳流动的失稳如何导致湍流的转捩，湍流完全形成后的动力学特性是什么，工程科学家则希望了解如何控制湍流而降低能耗和阻力。

数学家关注湍流的动因则是另一回事，他们的心愿是直接面对 N-S 方程，获得完美漂亮的解析解，那种依靠计算机程序求解的问题，如四色问题，1976 年 K. I. 阿佩尔和 W. 哈肯用电子计算机找到了一个由 1936 个可约构型组成的不可免完备集，在美国数学会通报上宣布证明了四色问题。对于这样的结果，数学家即使认可，也总感到美中不足，对于数学家追求的标准而言，相差太远了。正因为如此，1998 年由商人兰顿·克雷 (Landon T. Clay，资助者) 和哈佛大学数学家亚瑟·杰夫 (Arthur Jaffe) 创立的克雷数学研究所 (Clay Mathematics Institute, CMI)，向世界各国知名的数学家征集著名的数学难题，并在 2000 年 5 月 24 日公布了征集到的七个经过一个世纪仍未解决的难题 (NP 问题、霍奇猜想、庞加莱猜想 —— 已经由俄罗斯数学家格里高利·佩雷尔曼解决，黎曼假设、杨-米尔斯方程的质量缺口、N-S 方程的求解和贝赫与斯维纳通-戴尔猜想)。这七个选题被研究所认为是"对数学的发展有中心意义的重大难题"。解答其中任何一题的第一个人将获得一百万美元奖金，克雷数学研究所的悬赏参考了 1900 年希尔伯特的 23 个问题的做法，希望促进 20 世纪的数学发展，而 N-S 方程是其中的第六个问题，以其非线性偏微分方程描述黏性流体的复杂的流动状态而著称。这里，不禁使人想起英国著名物理学家 W. 汤姆孙 (即开尔文男爵)，他在 19 世纪最后一天的新年祝词里，忧心忡忡地感叹物理学取得辉煌成就的同时，在它的美丽而晴朗的天空中却漂浮着两朵乌云，这就是以太漂移问题和黑体辐射中的"紫外灾难"问题。这两个问题催生了 20 世纪物理学的伟大革命：量子力学和相对论的诞生。显然，克雷数学研究所征集的包括湍流问题在内的七个世纪难题，并不具备引发科学概念深刻变革的内涵。当然，更不是指望通过计算机的数值计算解决问题，如果是那样，这些被看成世纪难题的问题便失去它的光辉和意义。最重要的是，它们构成了对数学家智慧的挑战。特别是 N-S 方程，对于数学和流体力学的发展具有重要的推动作用，也会深化人们对于确定性与随机性的认识。

从事湍流研究的物理学家认为它是 20 世纪经典物理学留下的世纪难题，未尝不可；但是，赋予它过高的科学荣誉和科学地位，也不见得是一件科学能够从中获益的恰当的做法。正本清源，尽量如实地了解问题的历史渊源，实事求是地看待它本来的科学地位，对于今后湍流的研究是有益的。

在湍流研究的初期就出现了两位大科学家领导的团队，即以德国的普朗特和英国的泰勒为代表的研究团队，他们各自在不同的方向上开展了研究。前者注重实际的流体力学问题，提出混合长模式，建立了边界层理论，成绩斐然；而后者则是以理想化的 (也就是实际上并不多见的) 各向同性湍流作为研究对象，提出了一些重要的概念，发展了新的统计方法，同样也取得了重要的科学成就。两位科学家根据自己的知识背景和兴趣，也根据对问题的理解，确定了研究内容，并在研究中体现了各自的风格。但是，德国当时适应军事工业的需要，更多地提倡实用科学和应用研究，也许影响了许多研究者的志趣。不过，一个团队一直从事理论研究，另一个团队则一直从事应用研究，并不能由此断定这将形成同一学科的理论与应用研究之间的鸿沟。科学史上这样的例子很多，例如热力学，克劳修斯致力于熵增加理论的研究，而卡诺则热衷于实际热机循环的研究。物理学中理论物理学、应用物理学和实验物理学的划分，以及这三类研究者各自专注于自己的主要研究对象，并没有形成三者之间的鸿沟。泰勒后期参加了许多与国防有关的任务，改变了研究方向，其实是很自然的事，如果认为泰勒在他原来的研究方向上已经干不下去了，则是不够公正的。在他之后，G. K. Batchelor 继续沿着泰勒的方向开展研究，不仅取得了重要进展，还向国际湍流界介绍苏联学派的研究成果，使得柯尔莫果洛夫和奥布霍夫在均匀各向同性湍流方面活跃的研究工作和取得的成就为世人所瞩目，其中不乏涉及实际湍流问题，能说研究方向不同就能够形成所谓的 "鸿沟" 吗？从事科学研究的著名学者，如普朗特和泰勒，当然清楚地知道理论研究最后必须通过预测和实验验证，应用基础研究同样必须得到相应理论的指导和实验检验。只是当时的理论研究尚未获得能够进行预测的结果，不能指导应用研究，也不能对某一具体的流体力学问题提供有效的参考，只能说明理论研究的水平与实际应用的要求之间还有很大的距离；即使现在，就边界层理论而言，仍需要不断研究新问题，发展新方法。目前，湍流理论研究仍然不能在广泛意义下对具体的流体动力学问题给出实用而有效的指导，不能说这些理论研究的方向错了，就必须改变研究方向。在 19 世纪末，古典流体力学与实验水力学是分开的，后者受实际工程问题的大量需求，得到深入而广泛的发展。而前者是将牛顿第二定律应用于流体的流动，它的中心问题是要阐明物体在流体中运动时所受的阻力，不过，当时人们认为像水和空气这样的流体，黏性很小，对阻力的贡献可以忽略，于是出现了无黏性理想流体的欧拉方程，在理论分析和数学表述方面取得了很大成功；可是，其结论与实际结果往往不符，只是在出现达朗贝尔 (d'Alembert) 佯谬之后，古典流体力学才真正从理论上受到严峻的挑战，我国已故的著名力学家郭永怀先生指出：Kirchhoff, Helmholtz, Rayleigh 等尝试解决阻力问题的努力也都失败了。经典流体力学在阻力问题上失败的原因，在于忽视了流体黏性这一重要因素。诚然，在速度较高、黏性较小的情况下，对一般物体来说，黏性阻力仅占一小部分，然而阻力存在的根源却是黏性。一般来说，根据来源的不同，阻力可分为两类：黏性阻力和压差阻力。黏性阻力是由于作用在表面切向的应力而形成的，它的大小取决于黏性系数和表面积; 压差阻力是由于物体前后的压差引起的, 它的大小则取决于物体的截面积和压力的损耗。当理想流体流过物体时, 它能沿物体表面滑过 (物体是平滑的); 这样, 压力从前缘驻点的极大值, 沿物体表面连续变化, 到了尾部驻点便又恢复到原来的数值。这时压力就没有损失, 物体自然也就不受阻力。如果流体是有黏性的, 即使很小, 在物体表面的一层内, 流体的动能在流体运动过程中便不断在消耗, 因此, 它就不能像理想流体一样一直沿表面流动, 而是中途便与固体表面脱离。由于流体在固体表面上的分离, 在尾部便出现了大型涡旋, 涡旋演变的结果就形成了一种新的运动 ——"尾流"。这全部过程是一个动能损耗的过程, 也是阻力产生的过程。

由于数学上的困难, 黏性流体力学的全面发展受到了一定的限制。但是, 在黏性系数较小的情况下, 黏性对运动的影响主要是在固体表面附近的区域内。从这个概念出发, 1904 年 Prandtl 提出了简化黏性运动方程的理论 —— 边界层理论, 部分地解决了阻力计算问题, 并运用到空气动力学的研究中, 使流体力学的理论与实验结合起来, 促进了航空工业的发展; 而湍流理论的研究则在人类认识自然界中的湍流、混沌、分形等复杂性现象方面, 促使科学概念的深刻变革。虽然边界层理论和湍流理论的共同基础是 N-S 方程, 但是, 它们已经形成了自己的理论体系, 有独立的研究内容、研究框架和研究风格, 各自的研究目标自然也不相同, 如果用以基础应用研究为特点的边界层理论的模式指责和评价以探讨基础理论研究为目标的湍流理论, 即使不问其效果如何, 这种做法也是很不恰当的。实际上, 这两者是相互促进, 并行不悖、相得益彰的, 实在没有理由认为它们之间存在 "鸿沟", 或者湍流理论研究没有像边界层理论研究那样与空气动力学、水力学等学科的应用结合, 就认定湍流研究的理论与实际应用之间存在 "鸿沟", 借此否定湍流研究的重要性。由此观之, 这样的评议有失公允, 也不客观。也许这种看法会在一段很长的时间内存在并影响湍流研究者的情绪, 其实, 这类不同看法和质疑在科学发展史上是屡见不鲜的。

让我们借用计算机视觉的奠基人 D. 马尔 (D. Marr) 对理论研究的一段生动的比喻。1970 年, 这位 30 多岁年轻的视觉科学研究者, 应邀从英国伦敦到美国麻省理工学院 (MIT), 担任声名卓著的马文 · 明斯基 (Marvin Lee Minsky) 实验室的指导工作, 解决如何制造一台机器人, 使它能够具备感知周围环境的能力。D. 马尔指出, 使研究和制造机器人的科学家团队屡屡失败和极度失望的原因是, 他们跳过了一个必经阶段, 模仿鸟的羽毛不可能造出一架会飞的飞机, 而空气动力学的原理解释了鸟的飞行, 也能使我们制造出飞机。建立视觉科学并进行研究正是解决制造机器人的必由之路。如何建立一门视觉科学, 不是指望某位大科学家可以指出一条可行的研究方向, 而是世界众多研究团队活跃在这个领域, 甚至意见、看法和研究途径各不相同, 也没有形成所谓的 "鸿沟" 现象, 其实它是不存在的。

英国著名的分析学家哈代 (G. H. Hardy)，坚决反对数学与应用挂钩，但是并没有形成英国分析学派之间的 "鸿沟"。这样的例子很多，不再枚举。湍流界的同行们高兴地看到，近几年，由于湍流基础研究和准确有效的计算方法的发展，物理实验水平的提高，原先湍流的基础研究和应用需求之间的距离缩小了，可以期待，随着湍流理论研究的深入，理论结果解决实际问题的可能性会进一步提高。

对于经典物理学留下的世纪难题："湍流问题" 的实质是什么？目前是一个还不能清楚回答的问题。因为这个世纪难题要着力探讨的核心问题是 "湍流问题" 的实质是什么，目前尚未出现重大进展，也未获得重要成果或者在某些方面未获得突破，在这种情况下，如何能回答出这样重大的根本性问题？如果针对每一个具体问题，也就是针对每一个 "真实流体" 的研究得出反映该流体流动或状态的 "本质"，不同流体自然有其不同的特性，将这众多研究结果综合起来，是否能得出反映流体的普适特性呢？看起来是不行的，除了 N-S 方程本身包含强非线性项这个因素之外，N-S 方程概括的是特定流体的流动的本质，还是流体的基本特性？也是尚处于探讨之中的问题。因此，即使 21 世纪不一定能解决 N-S 方程这个难题，它对科学本身的挑战还可以持续到下一个世纪，来日方长，人类不必急在当下。

世纪难题 "湍流问题" 的本质到底是什么？在 L. Landau 的论文 "论湍流" 发表 23 年之后，曾有一篇论文的标题就是 "论湍流的本质"，试图回答这个问题，作者是 D. Ruelle 和 F. Takens, 算是名家之言吧。本书作者受限于自身知识和对湍流问题的有限了解，自然没有资格论及这个问题，只能抱着求教的态度，希望能够获得答案。涉及湍流领域的问题，无疑都蕴含着由速度和自身反馈的非线性 ($u \cdot \nabla u$) 造成的复杂性。我们预计，上述问题的任何结果都会遇到多样性造成的各种结果的复杂性。我们体会和理解湍流的复杂性包括：计算的复杂性，尺度的复杂性，状态的复杂性，转捩的复杂性，预测的复杂性，描述的复杂性，测量的复杂性，各种结果解释的复杂性。因此，湍流研究的进展十分缓慢。

国内有些湍流研究者谈及湍流问题研究的困难时，经常提起的是 "直到现在，连 '湍流是什么' 都没有一个公认的定义"，可见它是如此困难！本书作者并不这样认为，因为要想给出一个湍流的定义，国际上那些著名的湍流专家聚集一起，研讨出一个与当时认识水平一致的基本定义，并不是一件难事，为什么没有这样做呢？

给湍流一个既简短又完整的定义，的确比较困难，可能将湍流描述为 "一个连续的不稳定状态"，或许是一个可以被许多人接受的定义。当然，从事湍流研究的名家学者更愿意根据自己的理解和研究的侧重点，谈论他本人对湍流的理解，这可能是湍流界一道独特的风景吧。其实，湍流领域的同行们并没有被这个问题所困扰，也不影响学术交流和论文、著作的发表。本书作者认为，对湍流的概括应当包括如下因素：N-S 方程、雷诺数、多尺度、多模态以及复杂性。由此或许可以说，湍流就是指由 N-S 方程所描述的黏性流体，当超过临界雷诺数 Re_{cr} 后，从规则流动转捩为在时空中紊乱复杂的多尺度涡旋运动的形态。

20 世纪 70 年代分形理论、混沌理论、耗散结构和小波分析方法的出现，曾经使物理学界对湍流的研究产生新的希望，有过一段研究高潮出现，之后直到现在，已经回归到平稳的扎实的探讨阶段。说到湍流理论的研究，无论题目的大小，都会遇到如下三方面的困难：①湍流脉动量方程是不封闭的；②非线性难于处理；③流态的多样性和复杂性。如何面对这类困难，湍流研究中的结构学派看重数学演绎的严谨；统计学派侧重于动力系统演化的信息提取；而我们则认为，湍流研究者，特别是中青年，应根据自己以往研究工作的积累和有限的专业知识背景，在力所能及的情况下选择一个经过努力可以完成的或能够取得进展的课题。当然，所选课题应当具有一定的学术意义和可能有的实用价值。研究思路不必拘泥于已有的程式，需要在方法上有所创新，在内容上要有新颖之点。那些仍然不清楚的，并没有深入研究过的问题，正是值得我们去探讨的。

自从雷诺对 N-S 方程进行平均处理得出不封闭的湍流脉动方程之后，就如何研究湍流，大体上很自然地形成结构学派和统计学派，也许是研究的尺度不同所致吧。由 J. Buossinesq, Prandtl 等开创的模式理论方向，由 Von Karman 继续发展，在国内则由郭永怀先生带领并培养了一大批沿这个方向进行研究的优秀团队；湍流统计理论则由 G. I. Taylor 创建和发展，后由 G. K. Batchelor 继续研究，而由 Kolmogolov, Oboukhov 等发扬光大，国内则由周培源先生领衔，在北京大学开始了统计理论的科研与教学，同样培养了一批优秀学者。随着郭永怀先生和周培源先生的离去，纵览湍流界，湍流研究步入了一个在国际上没有大师，在国内没有权威的时期。

就国内湍流理论研究而言，我们觉得，无论是研究人力，还是物力的支持力度，似乎都在缩减。仅就中国科学院大气物理研究所为例，在近三年中，约 180 项国家自然科学基金的面上资助课题，仅有一项是与湍流有关的，就是"大气边界层拟序结构的统计特征的研究。"而 2015 年获得资助的 74 项申请中大气湍流研究仍然是零，这和当前真正长期从事大气湍流基础研究的人员少，这也和湍流研究极其困难有关。高质量的期刊也很少刊登关于湍流的论文。国内的这种湍流研究后继乏人的状况，也是国外情况的一个侧影 (虽然法国的湍流研究仍比较活跃)。当前，大学生、硕士生和博士生不愿意将他们的年轻时光消耗在难于获得点滴成果的湍流研究课题上，相比之下，更愿意从事具体的流体力学课题的研究，数值计算也是他们乐于参加的研究项目。面对继续作为 21 世纪的难题，鼓励一些有志向的优秀学子投入到湍流问题的探索中去，不奢望短期内有突破，但希望有进展，即使是缓慢的一小步的进展，这也是我们撰写这本小册子的初衷。我们希望通过这本小册子向关心和研究湍流的中青年读者展示湍流研究的来龙去脉，使其能够对湍流的基本情况有深入的理解，可以开始在湍流研究的道路上起步了，勇往直前，去探索吧，这是值得的。

第 2 讲　流态 ——N-S 方程

从第 2 讲开始，将会涉及许多物理概念和必要的数学描述，为了能够直观地想象和理解问题，不完全的和有些粗糙的解释有时也是必要的，由此带来的某些不够严格也就在所难免。就像量子力学初创的时候，普朗克提出的黑体辐射公式和薛定谔给出的波动方程都是拼凑和试探的结果。之后，爱因斯坦根据光量子假设严格推导出黑体辐射公式，而波动方程则是在牛顿第二定律的基础上用德布罗意物质波的相速度推导得出的。这里主要说明，首先是对复杂现象有直观的想象和了解，然后才能给出严格而准确的数学表示，加深对它的理解，并感悟它所包含的物理意义。

在这一讲中，主要讲述三个互相关联的重要问题，即：① 质量、动量守恒与对称性；②输运特性；③ N-S 方程 (包括张量的基本运算)。

2.1　质量、动量守恒与对称性

质量和动量守恒是物质世界的普遍规律，在流体力学和湍流问题的研究中，它是指流体微团 (为了直观起见，设为立方体)，具有入口和出口，在内部没有源和汇的情况下，流入和流出该微团 (称为 "控制体") 的流体或质量是相等的。就局部性质而言，当流体微团缩小为质点时，可以对它进行微分运算；就整体而言，对其宏观体积的物理量的度量，则是积分运算。一般来说，描述流体流动状态有两种方法，即欧拉 (Euler) 倡导的流场方法和拉格朗日 (Lagrange) 偏重于数学解析的、描述封闭流体 (称为 "质量体") 内质点的轨迹方法。流场方法更直接和容易理解，而且场是一种全景描述；轨迹方法更偏重于过程的描述，给出了流体质点的时程轨迹。

质量守恒：取流体微团，若流体的密度为 ρ，在时间 t，体积 $Ð$ 内的质量 m 就可以按下式求得。

$$m = \iiint\limits_{Ð(t)} \rho\,\mathrm{d}Ð \tag{2.1}$$

质量守恒的意思就是流体在流动的封闭体积 $Ð$ 内的质量不随时间而变化 (不随时间的平移而改变)，也就是体积 $Ð$ 内的质量不会无缘无故地增加或减少。

$$\frac{\mathrm{D}m}{\mathrm{D}t} = \frac{\mathrm{D}}{\mathrm{D}t}\left(\iiint\limits_{Ð(t)} \rho\,\mathrm{d}Ð\right) = 0 \tag{2.2}$$

式中，$\dfrac{\mathrm{D}}{\mathrm{D}t}$ 表示对流动的质量进行求导运算，因而称之为 "随体导数"，也称为 "物质导数"，下面就会看到这种导数的物理意义。

动量守恒：物理学中动量是大家很熟悉的，即不随空间的平移而变化，可以表示成一个非常简单的公式 $Ft = mu$，其中 F 表示作用力，u 表示速度，将它改写成 $F = \dfrac{mu}{t}$，体积 $Đ$ 中流体的动量是 $\displaystyle\iiint\limits_{Đ(t)} \rho \boldsymbol{u}\mathrm{d}Đ$(相当于 mu)，随时间的变化是

$\dfrac{\mathrm{D}}{\mathrm{D}t}\left(\displaystyle\iiint\limits_{Đ(t)} \rho \boldsymbol{u}\mathrm{d}Đ\right)\left(\text{相当于} \dfrac{mu}{t}\right)$，也就是作用力 F。对于流体而言，作用于其上的

有质量力 $\boldsymbol{f}$ 和应力 $\boldsymbol{\sigma}$，这二者的区别在于：$\boldsymbol{f}$ 是作用于整个体积内的质量上的力

(如重力，电磁力等)，它等于 $\displaystyle\iiint\limits_{Đ(t)} \rho \boldsymbol{f}\mathrm{d}Đ$；而 $\boldsymbol{\sigma}$ 则是黏性流体界面间相对运动形成

的应力，类似于固体表面间在相对运动时产生的摩擦力，它等于体积 $Đ$ 的闭曲面 A 上的面积力，其值等于应力矢量 $\boldsymbol{\sigma}$ 在闭曲面 A 上各点法向 $\boldsymbol{n}$ 的投影 $\boldsymbol{n}\cdot\boldsymbol{\sigma}$ 的面积分 $\displaystyle\oiint\limits_{A} \boldsymbol{n}\cdot\boldsymbol{\sigma}\mathrm{d}A$。根据牛顿第二定律，这些力应当与它们引起的动量改变相平衡，即

$$\frac{\mathrm{D}}{\mathrm{D}t}\left(\iiint\limits_{Đ(t)} \rho \boldsymbol{u}\mathrm{d}Đ\right) = \iiint\limits_{Đ(t)} \rho \boldsymbol{f}\mathrm{d}Đ + \oiint\limits_{A} \boldsymbol{n}\cdot\boldsymbol{\sigma}\mathrm{d}A \tag{2.3}$$

理想的无黏性流体，$\boldsymbol{\sigma}$ 为零。上述性质不会因为流体是处于静止状态还是处于流动状态而改变，它是永恒的。这里需要提到诺特 (A. E. Noether) 在 1915 年提出的重要定理：每一个守恒定律都对应于一种对称性。时间平移不变性对应于能量守恒；空间平移不变性对应于动量守恒，就动量守恒定律来说，它可以直接推出动量矩守恒的结论，与此对应的就是空间旋转对称性，由于流体中应力没有特殊的优惠方向，应力张量对于空间旋转是对称的，即 $\sigma_{ij} = \sigma_{ji}$，它可以从式 (2.3) 推导出来，这里就不细说了，本讲的后面会给出更直观的解释。

2.2 输 运 特 性

在流动状态，物质 Q 就是这里所说的质量和动量同样保持守恒，流动只不过起到传输的作用。雷诺 (Reynolds) 研究了这个问题，给出了数学描述，就是如下物质 Q 的输运公式，它的整体变化 $\dfrac{\mathrm{D}}{\mathrm{D}t}\left(\displaystyle\iiint Q\mathrm{d}Đ\right)$ 由微元体积内的局地时间变化

$\iiint \dfrac{\partial Q}{\partial t}\mathrm{d}Ð$ 和从微元体积向外的空间迁移变化两部分组成。而空间迁移变化有两

种表示方法，其一是在微元流体整个闭曲面上的面积分 $\oiint \boldsymbol{n}\cdot\boldsymbol{Q}\mathrm{d}A$；其二是物质

Q 以速度 $\boldsymbol{u}$ 通过微元体向周围发散的方式迁移出去，可以表示为散度 $\nabla\cdot Q\boldsymbol{u}$ 的体

积分 $\iiint \nabla\cdot Q\boldsymbol{u}\mathrm{d}Ð$。采用全部为体积分的表示方式有

$$\frac{\mathrm{D}}{\mathrm{D}t}\left(\iiint\limits_{Ð(t)} Q\mathrm{d}Ð\right)=\iiint\limits_{Ð(t)}\frac{\partial Q}{\partial t}\mathrm{d}Ð+\iiint\limits_{Ð(t)}\nabla\cdot Q\boldsymbol{u}\mathrm{d}Ð \tag{2.4}$$

现在，将 Q 用动量 $\rho\boldsymbol{u}$ 代替，$Q=\rho\boldsymbol{u}$，式 (2.4) 改写为

$$\frac{\mathrm{D}}{\mathrm{D}t}\left(\iiint\limits_{Ð(t)} \rho\boldsymbol{u}\mathrm{d}Ð\right)=\iiint\limits_{Ð(t)}\frac{\partial \rho\boldsymbol{u}}{\partial t}\mathrm{d}Ð+\iiint\limits_{Ð(t)}\nabla\cdot \rho\boldsymbol{u}\boldsymbol{u}\mathrm{d}Ð \tag{2.5}$$

由于式 (2.3) 和式 (2.4) 的左边均为同样的动量变化率 $\dfrac{\mathrm{D}}{\mathrm{D}t}\left(\iiint\limits_{Ð(t)} \rho\boldsymbol{u}\mathrm{d}Ð\right)$，所以，

它们的右边部分也应相等，由此可得

$$\iiint\limits_{Ð(t)}\frac{\partial \rho\boldsymbol{u}}{\partial t}\mathrm{d}Ð+\iiint\limits_{Ð(t)}\nabla\cdot \rho\boldsymbol{u}\boldsymbol{u}\mathrm{d}Ð=\iiint\limits_{Ð(t)}\rho\boldsymbol{f}\mathrm{d}Ð+\oiint\limits_{A}\boldsymbol{n}\cdot\boldsymbol{\sigma}\mathrm{d}A \tag{2.6}$$

$\oiint\limits_{A}\boldsymbol{n}\cdot\boldsymbol{\sigma}\mathrm{d}A$ 用应力 $\boldsymbol{\sigma}$ 的散度的体积分 $\iiint\limits_{Ð(t)}\nabla\cdot\boldsymbol{\sigma}\mathrm{d}Ð$ 代替，

$$\iiint\limits_{Ð(t)}\frac{\partial \rho\boldsymbol{u}}{\partial t}\mathrm{d}Ð+\iiint\limits_{Ð(t)}\nabla\cdot \rho\boldsymbol{u}\boldsymbol{u}\mathrm{d}Ð=\iiint\limits_{Ð(t)}\rho\boldsymbol{f}\mathrm{d}Ð+\iiint\limits_{Ð(t)}\nabla\cdot\boldsymbol{\sigma}\mathrm{d}Ð \tag{2.7}$$

对于任意体积 $\mathrm{d}Ð$ 而言，式 (2.7) 可以去掉体积分，直接得出微分表示式

$$\frac{\partial \rho\boldsymbol{u}}{\partial \boldsymbol{t}}+\nabla\cdot \rho\boldsymbol{u}\boldsymbol{u}=\rho\boldsymbol{f}+\nabla\cdot\boldsymbol{\sigma} \tag{2.8}$$

式中，$\boldsymbol{u}\boldsymbol{u}$ 是矢量的并矢，是一个二阶张量 (有关张量的运算后面将进行介绍)，在

与算符 ∇ 的内积运算中，$\boldsymbol{u}\boldsymbol{u}$ 实际应为 $u_i u_j$，而不是按哑标求和的形式：$u_i u_i$ 或

$u_j u_j$

$$\boldsymbol{u}\boldsymbol{u}=u_i u_j=\begin{bmatrix} u_1 u_1 & u_2 u_1 & u_3 u_1 \\ u_1 u_2 & u_2 u_2 & u_3 u_2 \\ u_1 u_3 & u_2 u_3 & u_3 u_3 \end{bmatrix} \tag{2.9}$$

现在我们就可以根据式 (2.8) 推导 N-S 方程了。

2.3　N-S 方程

　　首先通过比较直观的方式得出 N-S 方程,相应地作一些解释;然后,通过严格的方式推导出 N-S 方程。这样,就能深刻地理解 N-S 方程包含的物理意义。

　　通常,湍流研究限于不可压缩的常密度连续介质的牛顿流体,如水和大气。这种限制能使其动力学方程得到很大简化。其中,黏性是流体的特性,湍流是流动的特性,黏性是通过流动表现出来的。当流体流动时,需要有力 (或者是 “势”) 作用其上,这些力就是沿着流动方向的压力梯度,如黏性产生的切应力、外部的彻体力和旋转流态的 Coriolis 力的压力梯度。通常 “来流” 记为 u_∞ 或 u_0 或 U_0,并约定来流为 x 方向,在流体力学中,约定的坐标系和习惯的名称如图 2.1 所示;有时也称 x 方向为纵向,在 x-z 平面内的 z 方向称为横向,不在 x-z 平面内但垂直于 x 轴的方向称为侧向。在流体力学问题中,不仅需要知道状态改变的原因 (牛顿第二定律),更需要了解状态在时间和空间中具体的改变过程。流体的质点处于流动之中,它的空间位置每一时刻都在变化,因此,流体质点的速度是空间和时间的函数 $\boldsymbol{u} = \boldsymbol{u}(t, x, y, z)$,我们采用欧拉的 “场” 方法,就是研究流体形成的流场 (流体质点是全同的);另一种方法就是拉格朗日的质点运动的 “轨迹” 法 (质点是可以标记的,也就是各自有不同的运动轨迹)。因此,可以选择一个直角坐标系 (x, y, z) 描述该流场,即主坐标系。但是,当我们要描述流场中的某一质点时,由于这个质点是宏观小而微观大,也就是质点微团,其表面充分光滑,因而可以进行微分运算。在描述它的动态行为时,为了方便起见 (就是研究流体由于黏性作用在流层间产生剪切应力时,微团发生形变的问题),为了便于理解又不失一般性,取这个微团为立方体,也需要有一个坐标系。显然,在流体质点的轨迹即流线上的每一点,可以建立一个局部坐标系 (u, v, w),形成一个连续的坐标系序列,也就是流形 (在微分几何中也称为图册)。这样,流体微团曲面上任一方向的速度矢量均可以分解为局部坐标系的三个坐标轴 (u, v, w) 上的分量 u、v 和 w。但是,它们一般并不与主坐标系中的坐标轴 (x, y, z) 各自重合,对于主坐标系来说,就是三个独立的矢量,也就是说,局部坐标系中的三个分量 u、v 和 w 在主坐标系中是三个速度矢量 (而不是分矢量):$u(t, x, y, z)$,$v(t, x, y, z)$ 和 $w(t, x, y, z)$。它们在主坐标系中各自有三个分量,以 $u(t, x, y, z)$ 为例,它的三个分量为 $u_x(t, x, y, z)$,$u_y(t, x, y, z)$ 和 $u_z(t, x, y, z)$,$v(t, x, y, z)$ 和 $w(t, x, y, z)$ 的情况相同。对 $u(t, x, y, z)$,$v(t, x, y, z)$ 和 $w(t, x, y, z)$ 分别求全微分,即得

$$
\begin{aligned}
\frac{\mathrm{d}\boldsymbol{u}}{\mathrm{d}t} &= \frac{\partial \boldsymbol{u}}{\partial t}\frac{\mathrm{d}t}{\mathrm{d}t} + \frac{\partial \boldsymbol{u}}{\partial x}\frac{\mathrm{d}x}{\mathrm{d}t} + \frac{\partial \boldsymbol{u}}{\partial y}\frac{\mathrm{d}y}{\mathrm{d}t} + \frac{\partial \boldsymbol{u}}{\partial z}\frac{\mathrm{d}z}{\mathrm{d}t} \\
&= \frac{\partial \boldsymbol{u}}{\partial t} + u_x\frac{\partial \boldsymbol{u}}{\partial x} + u_y\frac{\partial \boldsymbol{u}}{\partial y} + u_z\frac{\partial \boldsymbol{u}}{\partial z}
\end{aligned}
\tag{2.10}
$$

$$\frac{\mathrm{d}\boldsymbol{v}}{\mathrm{d}t} = \frac{\partial \boldsymbol{v}}{\partial t}\frac{\mathrm{d}t}{\mathrm{d}t} + \frac{\partial \boldsymbol{v}}{\partial x}\frac{\mathrm{d}x}{\mathrm{d}t} + \frac{\partial \boldsymbol{v}}{\partial y}\frac{\mathrm{d}y}{\mathrm{d}t} + \frac{\partial \boldsymbol{v}}{\partial z}\frac{\mathrm{d}z}{\mathrm{d}t}$$

$$= \frac{\partial \boldsymbol{v}}{\partial t} + u_x\frac{\partial \boldsymbol{v}}{\partial x} + u_y\frac{\partial \boldsymbol{v}}{\partial y} + u_z\frac{\partial \boldsymbol{v}}{\partial z} \tag{2.11}$$

$$\frac{\mathrm{d}\boldsymbol{w}}{\mathrm{d}t} = \frac{\partial \boldsymbol{w}}{\partial t}\frac{\mathrm{d}t}{\mathrm{d}t} + \frac{\partial \boldsymbol{w}}{\partial x}\frac{\mathrm{d}x}{\mathrm{d}t} + \frac{\partial \boldsymbol{w}}{\partial y}\frac{\mathrm{d}y}{\mathrm{d}t} + \frac{\partial \boldsymbol{w}}{\partial z}\frac{\mathrm{d}z}{\mathrm{d}t}$$

$$= \frac{\partial \boldsymbol{w}}{\partial t} + u_x\frac{\partial \boldsymbol{w}}{\partial x} + u_y\frac{\partial \boldsymbol{w}}{\partial y} + u_z\frac{\partial \boldsymbol{w}}{\partial z} \tag{2.12}$$

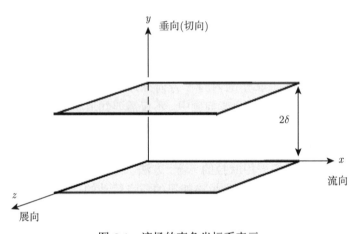

图 2.1   流场的直角坐标系表示

2δ 表示平板间的距离，垂直于流向是指垂直于 x-y 平面

将上述三部分加起来，共有 12 项，空间分量共有九个，这实际上是流体微团的速度向量在主坐标系中的二阶张量分量

$$\frac{\mathrm{d}\boldsymbol{u}}{\mathrm{d}t} + \frac{\mathrm{d}\boldsymbol{v}}{\mathrm{d}t} + \frac{\mathrm{d}\boldsymbol{w}}{\mathrm{d}t} = \frac{\partial \boldsymbol{u}}{\partial t} + u_x\frac{\partial \boldsymbol{u}}{\partial x} + u_y\frac{\partial \boldsymbol{u}}{\partial y} + u_z\frac{\partial \boldsymbol{u}}{\partial z} + \frac{\partial \boldsymbol{v}}{\partial t} + u_x\frac{\partial \boldsymbol{v}}{\partial x} + u_y\frac{\partial \boldsymbol{v}}{\partial y} + u_z\frac{\partial \boldsymbol{v}}{\partial z}$$

$$+ \frac{\partial \boldsymbol{w}}{\partial t} + u_x\frac{\partial \boldsymbol{w}}{\partial x} + u_y\frac{\partial \boldsymbol{w}}{\partial y} + u_z\frac{\partial \boldsymbol{w}}{\partial z}$$

$$= \left(\frac{\partial}{\partial t} + u_x\frac{\partial}{\partial x} + u_y\frac{\partial}{\partial y} + u_z\frac{\partial}{\partial z}\right)(\boldsymbol{u} + \boldsymbol{v} + \boldsymbol{w}) \tag{2.13}$$

习惯上，用随体导数 $\dfrac{\mathrm{D}}{\mathrm{D}t}$ 表示全微分，也就是拉格朗日轨迹法，即

$$\frac{\mathrm{D}}{\mathrm{D}t} = \frac{\partial}{\partial t} + u_x\frac{\partial}{\partial x} + u_y\frac{\partial}{\partial y} + u_z\frac{\partial}{\partial z} \tag{2.14}$$

当将 u_x, u_y, u_z 用 u_1, u_2, u_3 代替，x, y 和 z 分别用 x_1, x_2 和 x_3 代替时，则有 $\dfrac{\mathrm{D}}{\mathrm{D}t} = \dfrac{\partial}{\partial t} + \displaystyle\sum_{j=1}^{3}\left(u_j\dfrac{\partial}{\partial x_j}\right)$，其中对时间的求导 $\dfrac{\partial}{\partial t}$ 代表局地变化，对于空间的求

导 $\displaystyle\sum_{j=1}^{3}\left(u_j\dfrac{\partial}{\partial x_j}\right)$ 代表迁移变化。爱因斯坦在研究广义相对论时，经常遇到张量分析中这种求和符号。为了简化书写，他提出"凡是下角标重复出现的变量，则认定是求和运算"，这种下角标称为"哑标"(dummy index)；而单独出现的下角标，不作求和运算，其下角标遍取它所在的坐标系的各坐标轴数，也就是坐标轴所对应的数目，如 x,y,z 或 1,2,3 等，并称为"自由标"(free index)，这就是爱因斯坦求和约定。据此，$\dfrac{\mathrm{D}}{\mathrm{D}t}=\dfrac{\partial}{\partial t}+\displaystyle\sum_{j=1}^{3}\left(u_j\dfrac{\partial}{\partial x_j}\right)$ 就可以简化为 $\dfrac{\mathrm{D}}{\mathrm{D}t}=\dfrac{\partial}{\partial t}+u_j\dfrac{\partial}{\partial x_j}$。它作用于 $u=u(t,x,y,z)$，就是上面的全微分公式，采用梯度算子 $\nabla=\boldsymbol{i}\dfrac{\partial}{\partial x}+\boldsymbol{j}\dfrac{\partial}{\partial y}+\boldsymbol{k}\dfrac{\partial}{\partial z}$ 可以简化数学表示式。由于速度是矢量函数，即

$$\boldsymbol{u}=\boldsymbol{i}u_x+\boldsymbol{j}u_y+\boldsymbol{k}u_z,\quad \boldsymbol{u}\cdot\nabla=u_x\dfrac{\partial}{\partial x}+u_y\dfrac{\partial}{\partial y}+u_z\dfrac{\partial}{\partial z}$$

这样，就可以有如下表示

$$\dfrac{\mathrm{D}}{\mathrm{D}t}=\dfrac{\partial}{\partial t}+\boldsymbol{u}\cdot\nabla=\dfrac{\partial}{\partial t}+u_j\dfrac{\partial}{\partial x_j} \tag{2.15}$$

为了以后的应用，下面对张量表示作一简单说明：设 n 维空间中的矢量 $\boldsymbol{A}$ 在坐标系 $(x_1,x_2,\cdots,x_n)$ 中分量为 $(A_1,A_2,\cdots,A_n)$；而在另一个坐标系 $(\bar{x}_1,\bar{x}_2,\cdots,\bar{x}_n)$ 中的分量为 $(B_1,B_2,\cdots,B_n)$，其中 $i=1,2,3,\cdots,n$。那么，这两个坐标系中的矢量可以按下式进行转换

$$B_i=\sum_{j=1}^{n}\dfrac{\partial \bar{x}_i}{\partial x_j}A_j \tag{2.16}$$

将上面的 $u(t,x,y,z)$，$v(t,x,y,z)$ 和 $w(t,x,y,z)$ 分别代替 $\bar{x}_i$，用 $u_j(t,x,y,z)$ 表示 A_j，即可得出全微分的表示式。式中，$\dfrac{\partial \bar{x}_i}{\partial x_j}$ 就是上述两个坐标系各个坐标轴 $\bar{x}_i$ 和 x_j 之间夹角的余弦。令 $\dfrac{\partial \bar{x}_i}{\partial x_j}=a_{ij}$，则有 $B_i=a_{ij}A_j$，这就是经常用到的协变张量，其他张量如逆变张量 (A^{ij}) 和混合张量 (A_i^j) 并不常用，就不再进行介绍了。

关于张量的运算，与流体力学以及湍流课题有关的主要有以下几点：在实空间的笛卡儿坐标系中，数量是标量，没有分量，即零阶的张量；矢量需要三个分量表示，有一个自由标 (一般取值为 1,2,3)，是一阶的张量；二阶张量需要九个分量描述，需要两个自由标，如图 2.2 所示，流体的应力有九个分量。

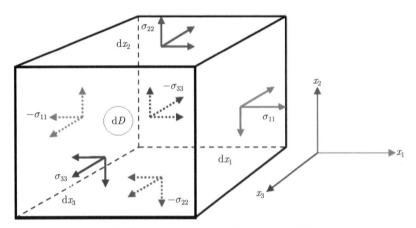

图 2.2　流体微元 $\mathrm{d}\mathcal{D} = \mathrm{d}x_1\mathrm{d}x_2\mathrm{d}x_3$ 的 6 个面上的法向应力 σ_{ii}

(1) 求和约定: $A_iB_i = A_1B_1 + A_2B_2 + A_3B_3 = \displaystyle\sum_{i=1}^{3} A_iB_i$。

(2) 并矢: 两个矢量 $\boldsymbol{A}$ 和 $\boldsymbol{B}$ 的并矢已如式 (2.9) 所示, 是一个二阶张量, 即

$$\boldsymbol{AB} = \begin{bmatrix} A_1B_1 & A_2B_1 & A_3B_1 \\ A_1B_2 & A_2B_2 & A_3B_2 \\ A_1B_3 & A_2B_3 & A_3B_3 \end{bmatrix} \tag{2.17}$$

(3) 分解: 用于高阶张量分解为低阶张量的运算, 需要用到两个算符, 即 Kro-necker 算符 δ_{ij}(单位张量) 和替换算符 ε_{ijk}。单位张量 $\delta_{ij} = \begin{cases} 1, & i = j; \\ 0, & i \neq j; \end{cases}$ $\delta_{ii} = 3$。
替换算符 ε_{ijk} 的作用和取值 $(0, 1, -1)$ 规则如下:

$$\varepsilon_{ijk} = \begin{cases} 1, & \text{当}i, j, k = 123 \to 231 \to 312 \to 123(\text{顺时针循环}) \\ -1, & \text{当}i, j, k = 132 \to 321 \to 213 \to 132(\text{逆时针循环}) \\ 0, & \text{当}i, j, k\text{中有两个的取值相同时} \end{cases} \tag{2.18}$$

这里介绍的有关 ε_{ijk} 的内容在湍流文献中会经常遇到, 虽然它并没有什么难度, 只是一些数学表示的技巧, 但熟悉它是有必要的, 循环规则如图 2.3 所示。

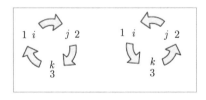

图 2.3　替换算符 ε_{ijk} 的奇偶循环

(4) 缩并: 是张量的内乘, 如一阶张量与二阶张量的内积可以表示为其分量形式: $A_k = B_i C_{jk} \delta_{ij} = B_i C_{ik}$, 其中 C_{jk} 是一个二阶张量, 内乘的结果, 下标 j 与一阶张量 B_i 的下标一致, 称为哑标。因此, 对于 C_{jk} 而言, 张量的阶次降低了两阶 (也就是令 $i = j$ 并对其分量求和), 这里 δ_{ij} 起到缩并自由标为哑标的作用。

现在, 我们来分析引起流体运动的原因, 也就是作用力。

第一种力就是由流体的黏性通过流动而表现出来的。假定流体在三维直角坐标系中有一质点 $P_0(\boldsymbol{r}_0)$, $\boldsymbol{r}_0$ 是坐标原点到 P_0 点的径向矢量 (图 2.4), 考虑在 $P_0(\boldsymbol{r}_0)$ 点邻域 (或附近) 的一个质点 $P(\boldsymbol{r})$, $\boldsymbol{r}$ 是 P 点的径向矢量。这里考虑邻域, 是因为黏性在流动中引起的位移是非常微小的, 因此 P 点与 P_0 点之间的距离 $\delta(\boldsymbol{r}) = (\boldsymbol{r} - \boldsymbol{r}_0)$ 是一个小量, 若 $P(\boldsymbol{r})$ 点和 $P_0(\boldsymbol{r}_0)$ 点的速度分别为 $\boldsymbol{U}(\boldsymbol{r})$ 和 $\boldsymbol{U}(\boldsymbol{r}_0)$, 一般这二者的差值也是小量: $\delta \boldsymbol{U} = \boldsymbol{U}(\boldsymbol{r}) - \boldsymbol{U}(\boldsymbol{r}_0)$。

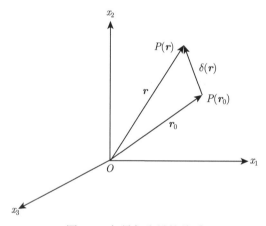

图 2.4　矢量与张量的关系

注意, 它们各自有三个速度分量 u_i 和 u_j, 当将速度分量 u_i 对 $\boldsymbol{r}_0$ 的三个坐标分量 (x_0, y_0, z_0) 展开为泰勒级数时, 既然是邻域, 取一阶小量就够了 (Helmhotz 速度分解)。为方便起见, 将 x_0, y_0, z_0 分别用 x_j $(j = 1, 2, 3)$ 表示, 即 $\delta \boldsymbol{U} = \dfrac{\partial \boldsymbol{U}}{\partial \boldsymbol{r}_0}\Big|_{\delta \boldsymbol{r}_0}$ 或者 $\delta u_i = \dfrac{\partial u_i}{\partial x_j}\Big|_{P_0} \delta x_j$。对于牛顿流体而言, 就是切应力与垂直于流动方向的速度梯度呈线性关系, 知道了该速度梯度, 也就知道了切应力。

当时牛顿的实验已经证实应力 τ_{ij} 与速度梯度 $\partial u_i / \partial x_j$ 呈线性关系, 但是, 牛顿只是在图 2.5 所示的二维速度场情况下进行了实验, 即验证了 τ_{ij} 在 $i = x$, $j = y$ (或 $i = 1$, $j = 2$) 时与速度梯度 $\partial u_x / \partial x_y$ (或 $\partial u_1 / \partial x_2$) 的线性关系。在三维情况下, 应力 τ_{ij} 是对称的, 它要求与之相关的速度梯度 $\partial u_i / \partial x_j$ 也应当是对称的, 但是速度梯度并不是完全对称的。在三维情况下, 考虑到流动中不仅存在形变, 也存在旋转，旋转是环绕自身轴的转动，如果选择坐标系也同步旋转，则流体微团相对于坐标系静止，显然转动分量为零，对流体剪切运动没有影响。由于坐标系的选择是任意的，所以并不改变转动部分与剪切应力无关的客观规律，这样就可以从速度梯度中分离出与形变相关的对称部分，可以通过对速度梯度分量适当组合而实现。显然，分离和组合出对称部分之后，剩余的部分就是不对称的部分，可以预计它只与旋转流态有关。1845 年 Stokes 正是沿着这种思路完成了将牛顿实验推广到三维的研究工作。其实，Helmhotz 的速度分解定理说的是同一件事，下面我们会论述这个问题。

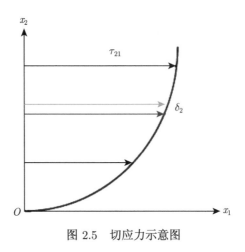

图 2.5   切应力示意图

首先，速度梯度 $\nabla \boldsymbol{u}$(并矢) 的分量 $\partial u_i/\partial x_j$ 可以表示成如下矩阵

$$
\frac{\partial u_i}{\partial x_j} = \begin{bmatrix}
\dfrac{\partial u_1}{\partial x_1} & \dfrac{\partial u_1}{\partial x_2} & \dfrac{\partial u_1}{\partial x_3} \\[2mm]
\dfrac{\partial u_2}{\partial x_1} & \dfrac{\partial u_2}{\partial x_2} & \dfrac{\partial u_2}{\partial x_3} \\[2mm]
\dfrac{\partial u_3}{\partial x_1} & \dfrac{\partial u_3}{\partial x_2} & \dfrac{\partial u_3}{\partial x_3}
\end{bmatrix} \tag{2.19}
$$

然后，根据速度梯度分量 $\partial u_x/\partial x_y$ 的矩阵形式，可以将它分解成对称的应变率张量 S_{ij} (即 $S_{ij} = S_{ji}$，此处 S 也常用用 e 表示) 和反对称的旋转张量 Ω_{ij} (即 $\Omega_{ij} = -\Omega_{ji}$)。这里分解的数学处理很简单，但它具有重要而明确的物理意义，就是体现了黏性使流体微团产生的变形和湍流的涡旋运动形态。

令 $S_{ij} = \dfrac{1}{2}\left(\dfrac{\partial u_i}{\partial x_j} + \dfrac{\partial u_j}{\partial x_i}\right)$ 和 $\Omega_{ij} = \dfrac{1}{2}\left(\dfrac{\partial u_i}{\partial x_j} - \dfrac{\partial u_j}{\partial x_i}\right)$，显然，当 $i = j = 1, 2, 3$

时，$S_{11} = \dfrac{\partial u_1}{\partial x_1}$，$S_{22} = \dfrac{\partial u_{22}}{\partial x_{22}}$ 和 $S_{33} = \dfrac{\partial u_3}{\partial x_3}$；而 $\Omega_{11} = \Omega_{22} = \Omega_{33} = 0$。由此可得

$$\frac{\partial u_i}{\partial x_j} = S_{ij} + \Omega_{ij} = \frac{1}{2}\left(\frac{\partial u_i}{\partial x_j} + \frac{\partial u_j}{\partial x_i}\right) + \frac{1}{2}\left(\frac{\partial u_i}{\partial x_j} - \frac{\partial u_j}{\partial x_i}\right)$$

$$= \underbrace{\begin{bmatrix} \dfrac{\partial u_1}{\partial x_1} & \dfrac{1}{2}\left(\dfrac{\partial u_1}{\partial x_2} + \dfrac{\partial u_2}{\partial x_1}\right) & \dfrac{1}{2}\left(\dfrac{\partial u_1}{\partial x_3} + \dfrac{\partial u_3}{\partial x_1}\right) \\[3mm] \dfrac{1}{2}\left(\dfrac{\partial u_2}{\partial x_1} + \dfrac{\partial u_1}{\partial x_2}\right) & \dfrac{\partial u_2}{\partial x_2} & \dfrac{1}{2}\left(\dfrac{\partial u_2}{\partial x_3} + \dfrac{\partial u_3}{\partial x_2}\right) \\[3mm] \dfrac{1}{2}\left(\dfrac{\partial u_3}{\partial x_1} + \dfrac{\partial u_1}{\partial x_3}\right) & \dfrac{1}{2}\left(\dfrac{\partial u_3}{\partial x_2} + \dfrac{\partial u_2}{\partial x_3}\right) & \dfrac{\partial u_3}{\partial x_3} \end{bmatrix}}_{S_{ij}}$$

$$+ \underbrace{\begin{bmatrix} 0 & \dfrac{1}{2}\left(\dfrac{\partial u_1}{\partial x_2} - \dfrac{\partial u_2}{\partial x_1}\right) & \dfrac{1}{2}\left(\dfrac{\partial u_1}{\partial x_3} - \dfrac{\partial u_3}{\partial x_1}\right) \\[3mm] \dfrac{1}{2}\left(\dfrac{\partial u_2}{\partial x_1} - \dfrac{\partial u_1}{\partial x_2}\right) & 0 & \dfrac{1}{2}\left(\dfrac{\partial u_2}{\partial x_3} - \dfrac{\partial u_3}{\partial x_2}\right) \\[3mm] \dfrac{1}{2}\left(\dfrac{\partial u_3}{\partial x_1} - \dfrac{\partial u_1}{\partial x_3}\right) & \dfrac{1}{2}\left(\dfrac{\partial u_3}{\partial x_2} - \dfrac{\partial u_2}{\partial x_3}\right) & 0 \end{bmatrix}}_{\Omega_{ij}}$$

$$= \begin{bmatrix} \dfrac{\partial u_1}{\partial x_1} & \dfrac{\partial u_1}{\partial x_2} & \dfrac{\partial u_1}{\partial x_3} \\[3mm] \dfrac{\partial u_2}{\partial x_1} & \dfrac{\partial u_2}{\partial x_2} & \dfrac{\partial u_2}{\partial x_3} \\[3mm] \dfrac{\partial u_3}{\partial x_1} & \dfrac{\partial u_3}{\partial x_2} & \dfrac{\partial u_3}{\partial x_3} \end{bmatrix}$$

显然，S_{ij} 是对称的二阶张量，Ω_{ij} 则是反对称的二阶张量。利用速度梯度 $\nabla \boldsymbol{u}$ (并矢) 的表示式 (2.19)，S_{ij} 可以表示为 $S_{ij} = \dfrac{1}{2}(\nabla_i u_j + \nabla_j u_i)$，$\Omega_{ij}$ 可以表示为 $\Omega_{ij} = \dfrac{1}{2}(\nabla_i u_j - \nabla_j u_i)$。

根据牛顿第二定律 $F = ma$ 或引入单位质量力的概念，则有 $F/m = a$，它使数学处理更为简单，在湍流研究中经常采用这样的表述方式。

前面通过随体导数 $\dfrac{\mathrm{D}}{\mathrm{D}t} = \dfrac{\partial}{\partial t} + u_j \dfrac{\partial}{\partial x_j}$，已经获得了流体质点在时空中的加速度 a 的表示式，它由速度的局地变化和迁移变化两部分组成，如图 2.6 所示。现在要做的是确定产生加速度 a 的力的表达式，也就是式 (2.8) 中 σ 的表示式。

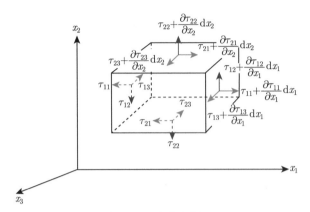

图 2.6　应力张量

前面已经得出 $\delta u_i = \dfrac{\partial u_i}{\partial x_j}\bigg|_{P_0} \delta x_j$，将 S_{ij} 和 Ω_{ij} 代入，则有 $\delta u_i = S_{ij}\delta x_j + \Omega_{ij}\delta x_j$，可知 $P_0(\boldsymbol{r}_0)$ 点邻域的速度的变化由两部分组成：应变率张量 S_{ij} 和旋转张量 Ω_{ij}。首先分析应变率张量 S_{ij} 的物理意义，其次说明旋转张量 Ω_{ij} 的力学作用。

1. 应变率张量 S_{ij} 的物理意义

在流体所在空间中取任一线段 δl (流线)，例如图 2.4 中的 P_0 点和 P 点之间的距离 δr，它在主坐标系中的分量记为 δx_i，$(\delta r)^2 = \delta x_i \delta x_i$，对 $(\delta r)^2$ 作求导运算 (注意下面的推导运用了应变率张量的对称性)

$$\frac{\mathrm{D}(\delta r)^2}{\mathrm{D}t} = 2\delta x_i \frac{\mathrm{D}(\delta x_i)}{\mathrm{D}t} = 2\delta x_i \delta u_i = 2\delta x_i \delta x_j \frac{\partial u_i}{\partial x_j} = \delta x_i \delta x_j \left(\frac{\partial u_i}{\partial x_j} + \frac{\partial u_j}{\partial x_i} \right)$$

$$2\delta x_i \frac{\mathrm{D}(\delta x_i)}{\mathrm{D}t} = \delta x_i \delta x_j \left(\frac{\partial u_i}{\partial x_j} + \frac{\partial u_j}{\partial x_i} \right), \quad \frac{1}{\delta x_i}\frac{\mathrm{D}(\delta x_i)}{\mathrm{D}t} = \frac{1}{2}\left(\frac{\partial u_i}{\partial x_j} + \frac{\partial u_j}{\partial x_i} \right)$$

如果设 δr 与 x_1 轴平行，则有 $\dfrac{1}{\delta x_1}\dfrac{\mathrm{D}(\delta x_1)}{\mathrm{D}t} = \dfrac{1}{2}\left(\dfrac{\partial u_1}{\partial x_1} + \dfrac{\partial u_1}{\partial x_1} \right) = S_{11}$，类似地，可得

$$\frac{1}{\delta x_2}\frac{\mathrm{D}(\delta x_2)}{\mathrm{D}t} = \frac{1}{2}\left(\frac{\partial u_2}{\partial x_2} + \frac{\partial u_2}{\partial x_2} \right) = S_{22}, \quad \frac{1}{\delta x_3}\frac{\mathrm{D}(\delta x_3)}{\mathrm{D}t} = \frac{1}{2}\left(\frac{\partial u_3}{\partial x_3} + \frac{\partial u_3}{\partial x_3} \right) = S_{33}$$

这就表示线段 δl (在本例中就是图 2.4 中的 P_0 点和 P 点之间的距离 δr) 在主坐标系的三个轴上长度的相对变化，它可以由对角线上的变形率张量 S_{11}，S_{22}，S_{33} 来度量。进一步考虑体积的相对变化率，为此，取流体微团为一正方体，使其互相垂直的各边平行于主坐标轴 x, y, z，它的体积为 $\delta v = \delta x_1 \delta x_2 \delta x_3$，对 δv 求导并除以 δv 得其体积的相对变化率

$$\frac{1}{\delta v}\frac{\mathrm{D}(\delta v)}{\mathrm{D}t} = \frac{\delta u_1}{\delta x_1} + \frac{\delta u_2}{\delta x_2} + \frac{\delta u_3}{\delta x_3}$$

$$= \frac{\partial u_1}{\partial x_1} + \frac{\partial u_2}{\partial x_2} + \frac{\partial u_3}{\partial x_3} = S_{11} + S_{22} + S_{33}$$

$$= \nabla \cdot \boldsymbol{u} = \frac{\partial u_i}{\partial x_i}$$

可见应变率张量的对角线上的分量之和就是微元体积的相对变化率, 也就是该体积元中与主坐标系的坐标轴垂直的各个面上的正压力, 用散度运算表示为 $\mathrm{div}\boldsymbol{u} = \nabla \cdot \boldsymbol{u}$。

2. 旋转张量 Ω_{ij} 的物理意义

将 Ω_{ij} 的矩阵表示式改写为

$$\Omega_{ij} = \begin{bmatrix} 0 & -\dfrac{1}{2}\left(\dfrac{\partial u_2}{\partial x_1} - \dfrac{\partial u_1}{\partial x_2}\right) & -\dfrac{1}{2}\left(\dfrac{\partial u_3}{\partial x_1} - \dfrac{\partial u_1}{\partial x_3}\right) \\[3mm] \dfrac{1}{2}\left(\dfrac{\partial u_2}{\partial x_1} - \dfrac{\partial u_1}{\partial x_2}\right) & 0 & -\dfrac{1}{2}\left(\dfrac{\partial u_3}{\partial x_2} - \dfrac{\partial u_2}{\partial x_3}\right) \\[3mm] \dfrac{1}{2}\left(\dfrac{\partial u_3}{\partial x_1} - \dfrac{\partial u_1}{\partial x_3}\right) & \dfrac{1}{2}\left(\dfrac{\partial u_3}{\partial x_2} - \dfrac{\partial u_2}{\partial x_3}\right) & 0 \end{bmatrix}$$

不难看出 Ω_{ij} 是一个反对称二阶张量, 它只有三个独立分量, 即

$$\omega_1 = \frac{1}{2}\left(\frac{\partial u_3}{\partial x_2} - \frac{\partial u_2}{\partial x_3}\right), \quad \omega_2 = \frac{1}{2}\left(\frac{\partial u_3}{\partial x_1} - \frac{\partial u_1}{\partial x_3}\right), \quad \omega_3 = \frac{1}{2}\left(\frac{\partial u_2}{\partial x_1} - \frac{\partial u_1}{\partial x_2}\right)$$

若 u, x, ω 的下角标分别标记为 i, j, k, 即 $u_i, x_j, \omega_k(i, j, k = 1, 2, 3)$, 那么就可以用称为 "替换符号" 的 ε_{ijk} 将 Ω_{ij} 表示成涡量 ω_k: $\omega_k = \dfrac{1}{2}\left(\dfrac{\partial u_j}{\partial x_i} - \dfrac{\partial u_i}{\partial x_j}\right)$, $\Omega_{ij} = \varepsilon_{ijk}\omega_k$。$\varepsilon_{ijk}$ 的取值 $(0, 1, -1)$ 规则如式 (2.18) 中的说明。

3. 单位质量应力的概念

我们可以这样来理解流体流动时流体微元上的受力情况, 处于流动空间任意位置的流体微元的任一方向的面元, 它的两面都会受到切应力的作用。为明了起见, 设来流方向为 x, 面元为 $\delta x \delta z$, 面元上下的方向为 y, 考虑在厚度为 δy 的流体微元上所受的净切应力 (图 2.7) 为

$$\varsigma_{ij} = \left(\mu \frac{\partial u_x}{\partial y}\delta x \delta z\Big|_{y+\delta y} - \mu \frac{\partial u_x}{\partial y}\delta x \delta z\Big|_y\right)\delta x \delta z$$

$$= \frac{\partial}{\partial y}\left(\mu \frac{\partial u_x}{\partial y}\right)\delta x \delta y \delta z = \mu \frac{\partial^2 u_x}{\partial y^2}\delta x \delta y \delta z \tag{2.20}$$

那么, 单位体积所受的力就是

$$\zeta_{ij} = \frac{\varsigma_{ij}}{\delta x \delta y \delta z} = \mu \frac{\partial^2 u_x}{\partial y^2} \qquad (2.21)$$

根据牛顿黏性流体定理,沿着 x 方向作用在垂直于 y 方向的面元 $\delta x \delta z$ 上单位面积所受的应力是 $\tau_{xy} = \mu \dfrac{\partial u_x}{\partial y}$ (图 2.7),如果考虑面元的各种方向,τ_{xy} 的表示式便可写成

$$\tau_{ij} = \mu \frac{\partial u_i}{\partial x_j} \qquad (2.22)$$

那么,施加于流体微元上的密度应力 ζ_{ij} 便是

$$\zeta_{ij} = \frac{\partial \tau_{ij}}{\partial x_j} = \mu \frac{\partial^2 u_i}{\partial x_j^2} \quad \text{或} \quad \zeta = \mu \nabla^2 u \qquad (2.23)$$

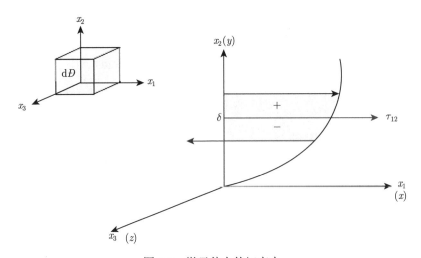

图 2.7　微元体上的切应力

对于压力,也仿照上述处理方法,因为压力沿着流动方向逐步减小,考虑 δx 距离两端的压力差,设来流方向为 x,压力 p 垂直作用于面元 $\delta y \delta z$ 上 (图 2.8),δx 两端的压力差可以表示为

$$P_x = p_{x+\delta x} \delta y \delta z - p_x \delta y \delta z = -\left(\frac{\partial p}{\partial x} \delta x \right) \delta y \delta z = -\frac{\partial p}{\partial x} \delta x \delta y \delta z$$

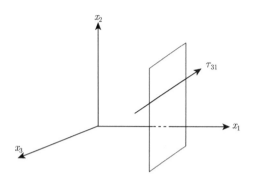

图 2.8 垂直于 x 方向的面元 $\delta y \delta z$ 上单位面积所受的应力

注意沿流向压力是减小的, 因此, 这个单位体积的压力 $P_x = -\dfrac{\partial p}{\partial x}$ 是正值。推广到一般情况, 单位体积的压力是 $P = -\nabla p$, 它是一种使流体流动的 "位势" (压力 p 的势场)。到此, 综合上述各种作用力, 即单位体积的应力 $\zeta = \mu \nabla^2 u$、单位体积的压力 p, 再考虑重力等外力 F, 就可以得出具有黏性的牛顿流体的 N-S 方程: 若单位流体的速度是 u, 其加速度 $a = \dfrac{\mathrm{D} u}{\mathrm{D} t}$, 可表示如下

$$\frac{\partial \boldsymbol{u}}{\partial t} + \boldsymbol{u} \nabla \boldsymbol{u} = -\frac{1}{\rho} \nabla p + \frac{\mu}{\rho} \nabla^2 \boldsymbol{u} + \boldsymbol{F} \tag{2.24}$$

或

$$\rho \frac{\mathrm{D} \boldsymbol{u}}{\mathrm{D} \boldsymbol{t}} = -\nabla p + \mu \nabla^2 \boldsymbol{u} + \boldsymbol{F} \tag{2.25}$$

通常采用如下的分量表示式 (注意记住求和约定)

$$\frac{\partial u_i}{\partial t} + u_j \frac{\partial u_i}{\partial x_j} = -\frac{1}{\rho} \frac{\partial p}{\partial x_i} + \frac{\mu}{\rho} \frac{\partial^2 u_i}{\partial x_j \partial x_j} + F_x \tag{2.26}$$

4. 连续方程

对于流体而言, 如果内部不存在源和汇, 流进 (汇) 和流出 (源) 流体微元的流体是等量的, 流体微元密度的变化 $\dfrac{\partial \rho}{\partial t}$ (如流入) 必然全部通过流体微元闭曲面的表面积流出, 即 $\nabla \cdot (\rho \boldsymbol{u})$, 没有积累, 即质量守恒, 因此有 $\dfrac{\partial \rho}{\partial t} + \nabla \cdot (\rho \boldsymbol{u}) = 0$。对于不可压缩流体, 其密度可以看成常量, 连续方程简化为 $\nabla \cdot \boldsymbol{u} = 0$, 或者 $\dfrac{\partial u_i}{\partial x_i} = 0$。

这样, 我们就得出如下 N-S 方程

$$\text{N-S 方程:} \begin{cases} \dfrac{\partial u_i}{\partial t} + u_j \dfrac{\partial u_i}{\partial x_j} = -\dfrac{1}{\rho} \dfrac{\partial p}{\partial x_i} + \dfrac{\mu}{\rho} \dfrac{\partial^2 u_i}{\partial x_j \partial x_j} + F_x \\[2mm] \dfrac{\partial \rho}{\partial t} + \nabla \cdot (\rho \boldsymbol{u}) = 0 \quad \text{或} \quad \nabla \cdot \boldsymbol{u} = 0 \quad \text{或} \quad \dfrac{\partial u_i}{\partial x_i} = 0 \end{cases} \tag{2.27}$$

上面是通过速度的全微分公式得出流体的局地时间加速度和迁移 (扩散) 空间加速度，理解这一点不会有什么困难；在推导引起这种速度变化的作用于流体上的力时，我们引入单位流体所受的体积力，得出 ζ_{ij} (式 (2.23))。这是上述直观推导的关键，需要认真思考，对求导过程的理解，估计也不会有什么困难。

下面，我们也可以通过 Navier-Stokes 的流体黏性理论，更严格地推导出流体受力的表示式。

前面提到 (图 2.5)，牛顿的实验已经证实应力 τ_{ij} 与速度梯度 $\partial u_i/\partial x_j$ 呈线性关系，不过牛顿只是在图 2.2 所示的二维速度场情况下进行了实验，即验证了 τ_{ij} 在 $i = x$，$j = y$ (或 $i = 1$，$j = 2$) 时与速度梯度 $\partial u_x/\partial x_y$ (或 $\partial u_1/\partial x_2$) 的线性关系。后来 Stokes 完善了牛顿的实验，将它推广到三维，因为应力 $\tau_{ij} = \mu \dfrac{\partial u_i}{\partial x_j}$，将它表示成应变率 S_{ij} 的线性关系 $\tau_{ij} = AS_{ij} + B\delta_{ij}$，是牛顿黏性定律很自然的延伸。因为当 $j = 1$ 和 $i = 2$ 时，$u_2 = 0$，$u_3 = 0$，首先可得系数 A 的具体值

$$\tau_{21} = \mu \frac{\partial u_1}{\partial x_2} = AS_{21} + B\delta_{21} = \frac{A}{2}\left(\frac{\partial u_2}{\partial x_1} + \frac{\partial u_1}{\partial x_2}\right) + B \cdot 0 = \frac{A}{2}\left(\frac{\partial u_1}{\partial x_2}\right) \tag{2.28}$$

显然，$A = 2\mu$。当 $i = j = k$ 时，$\tau_{ij} = \tau_{kk} = \mu \dfrac{\partial u_k}{\partial x_k}$ 是施予流体微团的正压力，如下式所示

$$\tau_{kk} = \mu \frac{\partial u_k}{\partial x_k} = AS_{kk} + B\delta_{kk} = A\frac{1}{2}\left(\frac{\partial u_k}{\partial x_k} + \frac{\partial u_k}{\partial x_k}\right) + B\delta_{kk}$$
$$= 2\mu\left(\frac{\partial u_k}{\partial x_k}\right) + 3B \tag{2.29}$$

注意，$B\delta_{kk} = B\sum\limits_{k=1}^{3}\delta_{kk} = 3B$。一般而言，流体微团的正压力和切应力的动力黏性 μ 在静止状态和流动状态，在高温和低温差别较大时是有差别的。为了区别这种情况，用 μ' 表示热力学正压力情况下的黏性，因此，热力学的正压力就可以表示为

$$\sigma_{11} = \sigma_{22} = \sigma_{33} = -p + \mu'\frac{\partial u_k}{\partial x_k}$$
$$\sigma_{kk} = \sigma_{11} + \sigma_{22} + \sigma_{33} = -3p + 3\mu'\frac{\partial u_k}{\partial x_k} \tag{2.30}$$

在流体流动时，需要对热力学压强进行修正，考虑到式 (2.28) 和式 (2.29)，易得

$$\sigma_{kk} = 2\mu\frac{\partial u_k}{\partial x_k} + 3B = -3p + 3\mu'\frac{\partial u_k}{\partial x_k} \tag{2.31}$$

于是有

$$B = -p + \left(\mu' - \frac{2}{3}\mu\right)\frac{\partial u_k}{\partial x_k} \tag{2.32}$$

式中，$\left(\mu' - \dfrac{2}{3}\mu\right)$ 就是对动力黏性 μ 的修正，由此可得应力 σ_{ij} 的表示式

$$\sigma_{ij} = -p\delta_{ij} + \tau_{ij} = -p\delta_{ij} + \mu\left(\frac{\partial u_i}{\partial x_j} + \frac{\partial u_j}{\partial x_i}\right) + \left(\mu' - \frac{2}{3}\mu\right)\frac{\partial u_k}{\partial x_k}\delta_{ij}$$

$$= -p\delta_{ij} + 2\mu S_{ij} + \left(\mu' - \frac{2}{3}\mu\right)S_{kk}\delta_{ij} \tag{2.33}$$

设 $\lambda = \left(\mu' - \dfrac{2}{3}\mu\right)$，则有 $\mu' = \lambda + \dfrac{2}{3}\mu$，$\mu$ 和 λ 分别称为第一和第二黏性系数。μ' 就是流体从静止状态进入流动状态时黏性系数的改变；热力学压强就是静态压强 $(-p)$；流体流动时增加了由黏性产生的应力，即 τ_{ij}；整个流体微元的压力 (应力)σ_{ij} 由两部分组成，即 $\sigma_{ij} = -p\delta_{ij} + \tau_{ij}$。求得应力 σ_{ij} 的表达式之后，将它代入式 (2.6)~式 (2.8) 中的任意一个公式，就可以得出黏性系数完整表示的 N-S 方程。现在以式 (2.8) 为例做这件事。

$$\frac{\partial \rho \boldsymbol{u}}{\partial t} + \nabla \cdot \rho \boldsymbol{u}\boldsymbol{u} = \rho \boldsymbol{f} + \nabla \cdot \boldsymbol{\sigma} \tag{2.8}$$

将 σ_{ij} 代入 $\nabla \cdot \boldsymbol{\sigma}$，注意 $\boldsymbol{u}\boldsymbol{u}$ 是并矢，采用分量形式，则有

$$\frac{\partial u_i}{\partial t} + u_j\frac{\partial u_i}{\partial x_j} = -\frac{1}{\rho}\frac{\partial p}{\partial x_i} + \frac{1}{\rho}\frac{\partial}{\partial x_i}\left(\lambda\frac{\partial u_k}{\partial x_k}\right) + \frac{\mu}{\rho}\frac{\partial}{\partial x_j}\left(\frac{\partial u_i}{\partial x_j} + \frac{\partial u_j}{\partial x_i}\right) + f_i \tag{2.34}$$

对于不可压缩的牛顿流体而言，质量连续性定律成立，$\dfrac{\partial u_k}{\partial x_k} = 0$，上式简化为 N-S 方程的标准形式

$$\frac{\partial u_i}{\partial t} + u_j\frac{\partial u_i}{\partial x_j} = -\frac{1}{\rho}\frac{\partial p}{\partial x_i} + \frac{\mu}{\rho}\frac{\partial^2 u_i}{\partial x_j\partial x_j} + f_i \tag{2.35}$$

到此，N-S 方程的推导已经完成，实际上就是牛顿第二定律在黏性流体中的应用。当流体处于静止状态时，正压力就是热力学压强，黏性应力为零；当流体处于流动状态时，黏性会产生应力，此外，它对热力学压强还有修正作用，必须在应力公式中计入黏性的修正项。得到应力表示式后，代入牛顿第二定律，作为流体的作用力，就得出完整的 N-S 方程。这期间引用了张量表示和少量的张量运算，也并不难理解，要记住的是求和约定，它的表示式在湍流研究中经常遇到。这里详尽地推导了应力公式，主要是为理解流体力学中最核心的概念 —— 运动流体的 "黏性和它的物理意义"。应仔细阅读这一讲，因为它是研究湍流的基础知识。这一讲的目的是推导出 N-S 方程，并不过多涉及流体力学的其他问题，即便如此，在涉及这些问题时，也不会感到陌生和困难重重了。到此，就可以对 N-S 方程的求解这样来理解：组成 N-S 方程的变量共有四个，即三个速度分量 $u(x, y, z; t)$、$v(x, y, z; t)$、$w(x, y, z; t)$ 和一个压力变量 $p(x, y, z; t)$，计入连续性方程之后，方程也有四个，方程组数目与未知变量数目一致，

称为方程是闭合的或封闭的。理论上, N-S 方程是可解的, 这只是对 N-S 方程的简单情况而言。在 Reynolds 的玻璃圆管水流实验之后, 对 N-S 方程求解问题的理解更深入了, 主要是出现了雷诺数 Re, 观测到流态从层流转掅为湍流的情况。上面所说的"解"需要考虑雷诺数 Re 的因素, 即 $u(x, y, z, t; Re)$, $v(x, y, z, t; Re)$, $w(x, y, z, t; Re)$ 和 $p(x, y, z, t; Re)$, 雷诺实验中被彩色墨水标记的流线和它发展到紊乱变化的三维轨迹, 实际上就是 N-S 方程在不同雷诺数 Re 下的解。这样一种复杂的时空曲线的数学描述是可能的吗?

　　现在可以说, 我们已经有了湍流的基本方程: N-S 方程, 下一步就是根据这个方程探讨湍流。问题是从哪里入手, 又从何处开始呢?

第 3 讲　Reynolds 方程 —— 平均场和脉动场

　　1827 年 Navier 根据流体的黏性模型对理想流体方程提出修正, 1845 年 Stokes 进一步完善了 Navier 的工作, 给出了 N-S 方程的表示式。而雷诺则是在 1883 年进行玻璃圆管的水流实验, 1889 年着手研究这个方程的简化, 这期间相隔近 80 年时间。雷诺在 N-S 方程中引入平均方法, 开创了研究湍流的历史, 意义重大。不过, 雷诺的平均方法也造成了湍流研究两方面的困难, 使问题更复杂了: 其一是雷诺应力的出现, 其二是不闭合问题。如果可以直接求解 N-S 方程, 只有非线性问题, 也许这些复杂的研究可能都是不必要的了。遗憾的是, 数学家在这方面没有更大的作为, 这片沃土主要是力学家在耕耘。这一讲里主要涉及三个问题, 一是相似律, 二是 Reynolds 方程, 三是流场能量的动态平衡。

3.1　相　似　律

　　无论是观察流体, 还是研究流体问题, 简单而自然的就是流体的流动, 流体只有在流动中才能显示出更多的性状, 获得更多的信息。因此, 流动就是极为重要的观测对象。既然是流动, 特别是黏性流体的流动, 那么, 速度就成为第一个应当研究的重要的变量, 既在不同速度的流动中观测黏性流体的不同特性, 进一步, 又在不同环境条件中观测流动。雷诺正是这样做的, 这里的想法并不深奥, 只是能这样想并去做, 并不是任何人都能够做到的。从 Navier 到 Stokes 再到 Reynolds 已经历经 80 多年, 雷诺想到了并做到了, 他的过人之处在于: 通过注入颜料墨水, 让演示实验使科学家和大众都能观看, 规则的流动是如何转变成无规则的复杂流动, 从新奇的发现中得到鼓舞, 无疑这促进了湍流的研究, 而湍流一词正是雷诺用来描述从层流到紊乱流动的现象。

　　根据实验中玻璃圆管的不同直径 L, 水流速度 U 和水的黏性大小 μ, 以及其他实验流体的黏性和密度 ρ, 得出一个极为重要的比值, 即 $\dfrac{\rho L U}{\mu}$。无论圆管直径 L 大小, 流体速度 U 快慢, 流体介质的黏性 μ 和密度 ρ 不同, 只要这个比值相同, 流态就是相似的, 就是从层流转变成紊乱的流动的过程是相似的。雷诺在实验中确定流态转变的这个无量纲的性能比值就是临界雷诺数

$$Re_{\mathrm{cr}} = \frac{\rho L U}{\mu} = \frac{L U}{\mu/\rho} = \frac{L U}{\nu}$$

其中，μ 是动力黏性系数；ρ 是流体的密度；$\nu = \mu/\rho$ 是运动黏性；L 是实验中的特征尺度；U 是特征速度。Re_{cr} 成为流态是否相似的判据。也就是说是动力相似律的判据，由此可以预估流态转捩的范围，因为该比值中包括了流态的惯性力 (LU，来自 N-S 方程中 ρu^2 项产生的对流加速度) 和黏性力 $\left(\nu\text{，来自 }\mu\dfrac{\partial u}{\partial x}\text{ 项产生的切应}\right.$ 力 $\Big)$ 量级大小之比，因而雷诺数也可以表示为 $Re = $ 惯性力/切应力。

雷诺数很高，意味着流体的运动黏性很小，惯性力很大。例如，飞机低空飞行时，流体的黏性仅在附着于机体很薄的边界层和尾流中起作用。雷诺数很低时，例如，雾珠的降落过程，黏性增大了阻力，雾珠降落很慢。在流体力学的仿真实验中，除了注意满足几何条件相似、边界条件相似外，还应尽量满足雷诺数一致，保证实验的动力学相似。例如，设计一架飞机，要获得它的气动外形的实际效果，除了数值模拟之外，还需要在风洞中做模型的气动外形的物理实验，如果模型外形尺寸缩小 10 倍，那么相应的实验风速就要提高 10 倍。设计风洞时也应考虑能使风速和空气密度在很宽范围改变，以使风洞中模型实验具有几何学和动力学的相似性。

除了风洞，还有地球模拟转盘 (直径约 3m)，对地球大气中的台风和大气环流进行物理模拟实验，由于地球大气的完整描述需要补充状态方程和热力学方程，而 N-S 方程则需要考虑地转时 Coriolis 力和气压梯度力的平衡，方程无量纲化时有五个重要参数，当然雷诺数 Re 是其中重要的特征数。此外，还有 Richardson、Prandtl 和 Rossby 数等合起来才能确定地球大气的状态，地球模拟转盘必须在保持这些特征数相似的情况下，才能实现大气动力学的模拟实验。

雷诺数是通过 1883 年的玻璃圆管水流实验确定的，但是，在对 N-S 方程做无量纲化处理时，同样会得到雷诺数 Re 的表示式。

设 $\tilde{x} = \dfrac{x}{L}$，$\tilde{u} = \dfrac{u}{U}$，$\tilde{p} = \dfrac{p}{\rho U^2}$，$\tilde{t} = \dfrac{Ut}{L}$，那么无量纲的变量用波浪号 "$\sim$" 标记，则有

$$\frac{\partial \tilde{u}_i}{\partial \tilde{t}} + \tilde{u}_j \frac{\partial \tilde{u}_i}{\partial \tilde{x}_j} = -\frac{\partial \tilde{p}}{\partial \tilde{x}_i} + \frac{1}{Re}\frac{\partial^2 \tilde{u}_i}{\partial \tilde{x}_j \partial \tilde{x}_j} \tag{3.1}$$

这说明雷诺数 Re 的作用在描述湍流流态的特性，特别是相似律中具有普适性。除此之外，其他重要的特征数，像大气湍流中就还有三个，如 Richardson 数、Prandtl 数和 Rossby 数，在实验中需要考虑。有时，雷诺数 Re 也用湍流涡旋扩散系数 K 与分子黏性系数 μ 之比来表示，即 $Re = K/\mu$。现在已经知道，同一流体随着流速的不同，可以具有层流和湍流两种不同的流态，湍流从层流转捩而来，如果这两种流态都遵从 N-S 方程，而雷诺数 Re 又可以判定这两种流态是不相似的，也就是动力学不相似。在流体中，速度包含了能量的因素，运动黏性反映了流体的物理特性，下面可以看到，在 Reynolds 方程中包括了平均速度和脉动速度，而 N-S 方程

仅包括瞬时速度。如果说瞬时速度是由平均速度和脉动速度组成的,由脉动速度产生的应力也就包括在 N-S 方程的瞬时速度之中,那为什么 N-S 方程是封闭的 (方程数目与未知变量数目相同),而 Reynolds 方程却是不闭合的呢?这两个方程都可以描述湍流运动吗?

3.2　Reynolds 方程

现在,每当提到湍流问题时,就会联想到 N-S 方程。这里要问,二者的联系是如何形成的?回答是雷诺的演示实验。在这之前,似乎还没有通过 N-S 方程探索紊乱流动的先例,湍流一词也是雷诺在演示实验中开始广泛使用的,采用层流和湍流来区分规则的流动和紊乱的流动。那么,N-S 方程能否描述湍流呢?雷诺本人对此深信不疑,他开创了研究湍流的历史,由于 N-S 方程中存在非线性项 $(u \cdot \nabla u)$,速度具有控制与反馈的双重作用,还没有任何有效的数学处理方法。因此,对 N-S 方程进行平均处理就成为通向理解和探讨湍流机制的一条必由之路。此后,谱方法和模式理论都是在雷诺开创的平均方法得出的 Reynolds 方程的基础上发展的,特别是非线性动力学的长足进步,为湍流研究提供了一条新的研究方向。湍流的特性与混沌、分形等复杂现象密切相关,混沌现象的出现加深了对湍流的随机性和确定性的认识;而分形概念则可以用于研究湍流的能量级串过程和标度律的分数维特性,分岔理论又可以深入探讨湍流的转捩图案。因此,研究湍流对认识自然界的各种复杂过程具有重要意义。同样,它对数学、物理学、大气科学、工程技术、国防科技等领域的重要意义和应用价值,更是自不待言。既然如此,那么我们如何看待和理解湍流问题呢?N-S 方程能完全描述湍流吗?这是一个直到如今仍然没有答案的问题。在雷诺实验中,被彩色墨水标记的质点从流线到湍流状态呈现出的复杂的时空轨迹如何描述?

下面主要介绍雷诺的平均方法,先从 N-S 方程开始。

用 u 和 p 表示流场速度和压力的瞬时值,它们的分量记为 u_i 和 p_i。为简单起见,通常不考虑外力 f_i,N-S 方程如下式所示

$$\begin{cases} \dfrac{\partial u_i}{\partial t} + u_j \dfrac{\partial u_i}{\partial x_j} = -\dfrac{1}{\rho}\dfrac{\partial p}{\partial x_i} + \nu \dfrac{\partial^2 u_i}{\partial x_j \partial x_j} + f_i \\ \dfrac{\partial u_i}{\partial x_i} = 0 \end{cases} \tag{3.2}$$

由于**时间平均**(瞬时变量在足够长的时间中取平均值)、**空间平均**(在足够长的距离上或足够大的空间中各个点上的瞬时变量对长度或空间取平均) 和**系综平均**(在几乎相同条件下的多次重复试验的平均) 在各态历经条件下是统计等价的 (一个随机变量在多次重复测量中或在多个相同测量中出现的样本值与长时间或大范围条件

下测试时出现的样本值是等价的, 简而言之, 一个器件长时间测量的噪声与大量同一类型器件一次测量的噪声是等价的), 也就是说, 时间平均、空间平均和系综平均相等, 即 $\bar{u} = \tilde{u} = \langle u \rangle$。现在设 $u = \bar{u} + u'$, $p = \bar{p} + p'$, $f = \bar{f} + f'$, 代入 N-S 方程 (3.2), N-S 方程的平均表示式如下

$$\frac{\partial \bar{u}_i}{\partial t} + \overline{u_j \frac{\partial u_i}{\partial x_j}} = -\frac{1}{\rho}\frac{\partial \bar{p}}{\partial x_i} + \nu \frac{\partial^2 \bar{u}_i}{\partial x_j \partial x_j} + \overline{f_i} \tag{3.3}$$

根据平均运算的规则: $\overline{aA} = a\bar{A}$, $\overline{\bar{A}B} = \bar{A}\bar{B}$, $\overline{AB} = \bar{A}\bar{B} + \overline{A'B'}$, $\overline{\dfrac{\partial A}{\partial t}} = \dfrac{\partial \bar{A}}{\partial t}$, 注意脉动变量的平均值为零, 上式左边的第二项可以表示为

$$\overline{u_j \frac{\partial u_i}{\partial x_j}} = \overline{\frac{\partial u_i u_j}{\partial x_j}} - \overline{u_i \frac{\partial u_j}{\partial x_j}} = \overline{\frac{\partial uu}{\partial x}} = \frac{\partial}{\partial x_j}(\bar{u}_i \bar{u}_j + \overline{u_i' u_j'}) = \bar{u}_j \frac{\partial \bar{u}_i}{\partial x} + \frac{\partial \overline{u_i' u_j'}}{\partial x} \tag{3.4}$$

代入式 (3.3), 由此可得 Reynolds 平均方程

$$\frac{\partial \bar{u}_i}{\partial t} + \bar{u}_j \frac{\partial \bar{u}_i}{\partial x_j} = -\frac{1}{\rho}\frac{\partial \bar{p}}{\partial x_i} + \nu \frac{\partial^2 \bar{u}_i}{\partial x_j \partial x_j} - \frac{\partial \overline{u_i' u_j'}}{\partial x_j} + \bar{f}_i \frac{\partial \bar{u}_i}{\partial x_i} = 0 \tag{3.5}$$

$$\frac{\partial \bar{u}_i}{\partial x_i} = 0$$

与 N-S 方程比较, 方程右边多出一项 $\left(-\dfrac{\partial \overline{u_i' u_j'}}{\partial x_j}\right)$, 这是 N-S 方程左边第二项 $u_j \dfrac{\partial u_i}{\partial x_j}$ 取平均时, 由于 $\overline{u_j \dfrac{\partial u_i}{\partial x_j}}$ 的非线性产生的。这多出的一项 $\left(-\dfrac{\partial \overline{u_i' u_j'}}{\partial x_j}\right)$ 就称为雷诺应力, 稍后再详细解释称它为雷诺应力的原因。

接下来, 还有一个重要方程, 就是湍流脉动方程。由瞬时变量的 N-S 方程 (3.2) 减去平均变量的 N-S 方程 (3.5), 很容易得到 Reynolds 脉动方程

$$\begin{cases} \dfrac{\partial u_i'}{\partial t} + \bar{u}_j \dfrac{\partial u_i'}{\partial x_j} + u_j' \dfrac{\partial \bar{u}_i}{\partial x_j} = -\dfrac{1}{\rho}\dfrac{\partial p'}{\partial x_i} + \nu \dfrac{\partial^2 u_i'}{\partial x_j \partial x_j} - \dfrac{\partial}{\partial x_j}(u_i' u_j' - \overline{u_i' u_j'}) \\ \dfrac{\partial u_i'}{\partial x_i} = 0 \end{cases} \tag{3.6}$$

以上三个方程, 即 N-S 方程、Reynolds 平均方程、Reynolds 脉动方程, 共同构成了研究湍流的基本方程, 应当了解它们的来龙去脉, 理解它们所包含的物理意义, 熟悉并记住它。

现在来解释将 $\overline{u_i' u_j'}$ 或 $\rho \overline{u_i' u_j'}$ 称为雷诺应力的理由。因为 $\nu = \dfrac{\mu}{\rho}$, 式 (3.6) 中第一式右边的最后两项可以改写成如下形式

$$\nu \frac{\partial^2 \bar{u}_i}{\partial x_j \partial x_j} - \frac{\partial \overline{u_i' u_j'}}{\partial x_j} = \frac{\partial}{\rho \partial x_j}\left(\mu \frac{\partial \bar{u}_i}{\partial x_j} - \rho \overline{u_i' u_j'}\right) \tag{3.7}$$

前面已经说过，根据牛顿黏性流体定理，沿着 x 方向作用在垂直于 y 方向的面元 $\delta x \delta z$ 上单位面积所受的应力是 $\tau_{xy} = \mu \dfrac{\partial u_x}{\partial y}$(图 3.1 和式 (2.22))。如果考虑面元的各种方向，τ_{xy} 的表示式可写成 $\tau_{ij} = \mu \dfrac{\partial u_i}{\partial x_j}$，那么施加于流体微元上的密度应力就是 $\zeta_{ij} = \dfrac{\partial \tau_{ij}}{\partial x_j} = \mu \dfrac{\partial^2 u_i}{\partial x_j^2}$。这样，式 (3.7) 就可以写成 $\dfrac{\partial}{\rho \partial x_j}\left(\mu \dfrac{\partial \bar{u}_i}{\partial x_j} - \rho \overline{u_i' u_j'}\right) = \dfrac{\partial}{\rho \partial x_j}\left(\tau_{ij} - \overline{\rho u_i' u_j'}\right)$，由量纲分析可知：$\tau_{ij}$ 和 $\rho \overline{u_i' u_j'}$ 具有相同的切应力量纲 $(\mathrm{ML^{-1}T^{-2}})$，具有力的物理意义 (单位面积上的作用力)。因此，既然 τ_{ij} 是应力，那么称 $\rho \overline{u_i' u_j'}$ 为应力就是很自然的事了。实际上，$\left(\tau_{ij} - \overline{\rho u_i' u_j'}\right)$ 在流体流动中所起的作用是相同的。为了纪念雷诺对流体力学的贡献，后人称 $\rho \overline{u_i' u_j'}$ (为简单起见，也包括 $\overline{u_i' u_j'}$) 为雷诺应力。需要注意的是，$\rho \overline{u_i' u_j'}$(或 $\overline{u_i' u_j'}$) 本身的物理定义和它在湍流中所起的作用是两回事，不能混淆。就其本身在牛顿第二定律的流体力学的数学表示式中的物理定义而言，它是脉动速度在平均流上产生的应力，它的梯度 $\dfrac{\partial}{\rho \partial x_j} \rho \overline{u_i' u_j'}$ 与黏性应力的梯度 $\dfrac{\partial}{\rho \partial x_j} \tau_{ij}$ 以相同的方式 $\left(\tau_{ij} - \overline{\rho u_i' u_j'}\right)$ 产生一个净加速度 $a = \dfrac{\partial}{\rho \partial x_j}\left(\tau_{ij} - \overline{\rho u_i' u_j'}\right)$。至于它在湍流中的作用，下面将简要地进行说明。

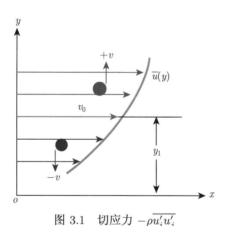

图 3.1 切应力 $-\rho \overline{u_i' u_j'}$

首先，雷诺应力 $(-\rho \overline{u_i' u_j'})$ 是随机变量 u_i' 和 u_j' 相关的平均值，二者并不是独立的随机变量，以图 3.1 所示的二维情况为例来说明，设在 x 方向的流速为 $\bar{u}$，处于流层 y_1 位置的界面的流速为 v_0。如果流体微元是从流层 y_1 向上流动，意味着微元是从慢速区流动到快速区，这时 y 方向上的速度 $(+v)$ 大于 v_0，流体微元就提供了一个脉动速度为负的扰动，对应的脉动速度是 $(-u')$；在相反的情形下，流体

微元如果从流层 y_1 位置向下流动，则意味着流体微元是由快速区向慢速区流动，对于慢速区来说，流体微元提供了一个脉动速度为正的扰动 $(+u')$。可见，x 方向的脉动速度 u_i' 和 y 方向的脉动速度 u_j' 的正负号是相反的，因此 $(-\rho\overline{u_i'u_j'})$ 是正值，或在概率的意义下，u_i' 和 u_j' 的正负是相反的。以上二维情形对三维情形也是一样的，它们都使流体的流动速度趋向于均匀，特别是在 Reynolds 方程中包含了平均流和脉动流的乘积项：$\bar{u}_j\dfrac{\partial u_i'}{\partial x_j}$ 和 $u_j'\dfrac{\partial \bar{u}_i}{\partial x_j}$，因此，脉动量和平均量之间存在很强的动力学相互作用。

其次，在 N-S 方程中，应力的表示式 (参见式 (2.22)) 如下所示

$$\sigma_{ij} = -p\delta_{ij} + \mu S_{ij} + \left(\mu' - \frac{2}{3}\mu\right)S_{kk}\delta_{ij} \tag{3.8}$$

现在，对于脉动场来说，需要补充由于脉动变量的流态产生的切应力 $-\rho\overline{u_i'u_j'}$，即

$$\sigma_{ij}' = \sigma_{ij} + \tau_{ij}' = -p\delta_{ij} + \mu S_{ij} + \left(\mu' - \frac{2}{3}\mu\right)S_{kk}\delta_{ij} - \rho\overline{u_i'u_j'} \tag{3.9}$$

显然，脉动的切应力 $(-\rho\overline{u_i'u_j'})$ 也是一个二阶对称张量，它的其他重要作用在下面和第 4 讲中详细讨论。

3.3　流场能量的动态平衡

流态从层流转捩到湍流之后，脉动应力的出现反映了湍流流场新的形态，它引起能量动力学平衡的新模式，了解这种新的能量平衡模式对于理解湍流脉动的特性是很重要的。为此目的，分别将 N-S 方程 (3.2)、Reynolds 平均方程 (3.5) 和脉动方程 (3.6) 转变成动量和能量方程，只要分别对这三个方程各乘以速度 u_i 即可，因为这些方程都是作用于单位质量流体微元上的力 (当流体密度 ρ 出现在方程各项中时)，或者也可以说是质量密度力 (当 ρ 由运动黏性 ν 代替时)。为简单起见，不考虑外力，如重力 (只是涉及势能)。

1. N-S 方程

采用单位质量 ρ 和含有动力黏性 μ 的形式

$$\rho\frac{\partial u_i}{\partial t} + \rho u_j\frac{\partial u_i}{\partial x_j} = -\frac{\partial p}{\partial x_i} + \mu\frac{\partial^2 u_i}{\partial x_j \partial x_j}$$

方程两边各乘以 u_i，这时方程左边有

$$u_i\left(\rho\frac{\partial u_i}{\partial t} + \rho u_j\frac{\partial u_i}{\partial x_j}\right)\xrightarrow[\frac{\partial u_j}{\partial x_j}=0]{} = \frac{\partial}{\partial t}\left(\frac{\rho}{2}u_i^2\right) + \frac{\partial}{\partial x_j}\left(u_j\frac{\rho}{2}u_i^2\right)$$

方程右边是

$$u_i \left(-\frac{\partial p}{\partial x_i} + \mu \frac{\partial^2 u_i}{\partial x_j \partial x_j} \right) \xrightarrow[\frac{\partial}{\partial x_j}\left(\frac{\partial u_j}{\partial x_i}\right) = \frac{\partial}{\partial x_i}\left(\frac{\partial u_j}{\partial x_j}\right) = 0]{p\frac{\partial u_i}{\partial x_i} = 0}$$

$$= -\frac{\partial p u_i}{\partial x_i} + \frac{\partial}{\partial x_j} \mu \left(\frac{\partial u_i}{\partial x_j} + \frac{\partial u_j}{\partial x_i} \right) u - \mu \left(\frac{\partial u_i}{\partial x_j} + \frac{\partial u_j}{\partial x_i} \right) \frac{\partial u_i}{\partial x_j} \xrightarrow[S_{ij} = \frac{1}{2}\left(\frac{\partial u_i}{\partial x_j} + \frac{\partial u_j}{\partial x_i}\right)]{}$$

$$= -\frac{\partial p u_i}{\partial x_i} + \frac{\partial}{\partial x_j} 2\mu S_{ij} u_i - 2\mu S_{ij} \frac{\partial u_i}{\partial x_j}$$

将两边合起来, 采用对称的应变率张量 $S_{ij} = \dfrac{1}{2}\left(\dfrac{\partial u_i}{\partial x_j} + \dfrac{\partial u_j}{\partial x_i}\right)$, 就使表示式更为简洁

$$\frac{\partial}{\partial t}\left(\frac{\rho}{2}u_i^2\right) + \frac{\partial}{\partial x_j}\left(u_j \frac{\rho}{2}u_i^2\right)$$

$$= -\frac{\partial p u_i}{\partial x_i} + \frac{\partial}{\partial x_j} \mu \left(\frac{\partial u_i}{\partial x_j} + \frac{\partial u_j}{\partial x_i} \right) u - \mu \left(\frac{\partial u_i}{\partial x_j} + \frac{\partial u_j}{\partial x_i} \right) \frac{\partial u_i}{\partial x_j}$$

$$= -\frac{\partial p u_i}{\partial x_i} + \frac{\partial}{\partial x_j} 2\mu S_{ij} u_i - 2\mu S_{ij} \frac{\partial u_i}{\partial x_j} \tag{3.10}$$

现在, 就可以说明上述方程的各项在能量平衡方面所起的作用: 方程左边是能量的局地变化和迁移变化; 方程右边第一项是压强引起的能量迁移变化 (如果考虑重力, 还应计入势能的变化), 第二项称为扩散项, 是黏性应力的扩散能量, 第三项称为耗散项, 是黏性应力对变形速率 $\dfrac{\partial u_i}{\partial x_j}$ 消耗的能量。这几种能量的动力学平衡就提供了维持湍流运动形态所需要的能量。

2. Reynolds 平均方程

仿照上面的数学推导方式, 不考虑重力作用, 对 Reynolds 平均方程 (3.5) 两边同乘以平均速度 $\bar{u}_i$, 则有

$$\rho \bar{u}_i \left(\frac{\partial \bar{u}_i}{\partial t} + \bar{u}_j \frac{\partial \bar{u}_i}{\partial x_j} \right) = \bar{u}_i \left(-\frac{\partial \bar{p}}{\partial x_i} + \mu \frac{\partial^2 \bar{u}_i}{\partial x_j \partial x_j} - \rho \frac{\partial \overline{u_i' u_j'}}{\partial x_j} \right) \tag{3.11}$$

注意到 $\dfrac{\partial \bar{u}_i}{\partial x_i} = 0$ 和对变量及其微分取平均时的运算规则, 同时注意到已经对某些变量进行了加减组合, 以便表示成应力张量的形式, 为解释其物理意义提供方便。这也是在流体动力学中经常使用的方法, 熟悉它是很必要的, 由此很容易得出下面的结果

$$\frac{\partial}{\partial t}\left(\frac{\rho}{2}\overline{u_i^2}\right) + \frac{\partial}{\partial x_j}\left(\bar{u}_j \frac{\rho}{2}\overline{u_i^2}\right)$$

$$= -\frac{\partial \bar{p}\bar{u}_i}{\partial x_i} + \frac{\partial}{\partial x_j}\mu\left(\frac{\partial \bar{u}_i}{\partial x_j} + \frac{\partial \bar{u}_j}{\partial x_i}\right)\bar{u}_i - \mu\left(\frac{\partial \bar{u}_i}{\partial x_j} + \frac{\partial \bar{u}_j}{\partial x_i}\right)\frac{\partial \bar{u}_i}{\partial x_j}$$

$$+ \frac{\partial}{\partial x_j}\bar{u}_i(-\rho\overline{u_i'u_j'}) - (-\rho\overline{u_i'u_j'})\frac{\partial \bar{u}_i}{\partial x_j}$$

$$= -\frac{\partial \bar{p}\bar{u}_i}{\partial x_i} + \frac{\partial}{\partial x_j}\left[\mu\left(\frac{\partial \bar{u}_i}{\partial x_j} + \frac{\partial \bar{u}_j}{\partial x_i}\right)\bar{u}_i + \bar{u}_i(-\rho\overline{u_i'u_j'})\right]$$

$$- \left[\mu\left(\frac{\partial \bar{u}_i}{\partial x_j} + \frac{\partial \bar{u}_j}{\partial x_i}\right) - \rho\overline{u_i'u_j'}\right]\frac{\partial \bar{u}_i}{\partial x_j}$$

$$= -\frac{\partial \bar{p}\bar{u}_i}{\partial x_i} + \frac{\partial}{\partial x_j}\left[2\mu\bar{S}_{ij}\bar{u}_i + \bar{u}_i(-\rho\overline{\tau_{ij}'})\right] - \left(2\mu\bar{S}_{ij} + \rho\overline{\tau_{ij}'}\right)\frac{\partial \bar{u}_i}{\partial x_j} \tag{3.12}$$

这时，就可以对方程的每一项从能量平衡的角度作一说明。方程的左边是由于流场的时间不定常和空间不均匀，流动输运的能量，也就是通过局地变化和迁移变化引起的能量变化。方程的右边第一项是压力势能，第二项由 $\dfrac{\partial}{\partial x_j}(\cdot + \cdot)$ 表达的是能量的扩散项，第三项是由 $\dfrac{\partial \bar{u}_i}{\partial x_j}$ 耗散的能量。需要特别说明的是，其中由应力张量 $2\mu\bar{S}_{ij}$ 产生的变形功变成热能损耗了，而 $\rho\overline{\tau_{ij}'}$ 引起的能量损耗主要转变成维持流场脉动形态的能量，因此也特别称为湍能的产生项。

这里顺便指出，将运动方程转变成能量方程，分析能量平衡的各种可能因素，虽然从理论上能够获得一定的信息，不过，这对我们了解和理解湍流到底有何帮助，是一个值得思考的问题。为了说得更详细一些，下面将方程 (3.12) 表示成另一种形式

$$\left(\frac{\overline{u_i^2}}{2}\right) + \frac{\partial}{\partial x_j}\left(\frac{\overline{u_i^2}}{2}\bar{u}_j\right) = \frac{\partial}{\partial x_j}\left(-\overline{u_i'u_j'}\bar{u}_j - \frac{1}{\rho}\bar{p}\bar{u}_j\right) + \frac{\partial}{\partial x_j}\left[\nu\frac{\partial}{\partial x_j}\left(\frac{1}{2}\overline{u_i^2}\right)\right]$$

$$+ \overline{u_i'u_j'}\frac{\partial \bar{u}_i}{\partial x_j} - \nu\frac{\partial \bar{u}_i}{\partial x_j}\frac{\partial \bar{u}_i}{\partial x_j}$$

$$= -\frac{1}{\rho}\frac{\partial \bar{p}\bar{u}_j}{\partial x_j} - \bar{u}_j\frac{\partial \overline{u_i'u_j'}}{\partial x_j} + \nu\bar{u}_i\frac{\partial^2 \bar{u}_i}{\partial x_j\partial x_j} \tag{3.13}$$

最后表示式的简洁结果与方程 (3.12) 形式上很不相同，对于能量平衡的解释也就迥然不同，这里可以这样解释：方程右边第一项是压力与平均量之间的相互作用，是压力势能的输运；第二项是平均变量与脉动应力之间的相互作用，与第三项符号相反，反映了对流项向脉动耗散提供能量，维持脉动运动形态。由于式 (3.12) 也可以简化成式 (3.13)，所以这里的简单解释同样适合于对式 (3.12) 所作的解释。正如看到一幅远景图时，重要的是首先确定它的基本轮廓，而不是小尺度的细致分析。

3. 脉动方程

由于脉动量的应力即雷诺应力也是一个对称张量 $\tau'_{ij} = \rho\overline{u'_i u'_j}$，它是两个脉动变量 u'_i 和 u'_j 的互相关作用的平均效果，由物理学的动量定理，也就是牛顿第二定律 $F = m(v/t)$ 的简单变换，即 $Ft = mv$。因此，对于这里讨论的情况，密度 ρ 与速度 v 的乘积 ρv 就是动量密度，它再与速度的乘积就是被速度携载并沿着速度的方向流动，因此称为动量通量，当然也可以称为能量流密度。现在，需要确定雷诺应力张量对动量输运的贡献和它在流场能量动态平衡中的作用。为此，对变量 u'_i 的脉动方程乘以变量 u'_j，对变量 u'_j 的脉动方程乘以变量 u'_i，这种交叉相乘的目的是为了获得雷诺应力 $\tau'_{ij} = \rho\overline{u'_i u'_j}$ 的输运方程，分析能量平衡机制。

用 u'_j 乘方程 $\dfrac{\partial u'_i}{\partial t} + \bar{u}_j \dfrac{\partial u'_i}{\partial x_j} + u'_j \dfrac{\partial \bar{u}_i}{\partial x_j} = -\dfrac{1}{\rho}\dfrac{\partial p'}{\partial x_i} + \nu \dfrac{\partial^2 u'_i}{\partial x_j \partial x_j} - \dfrac{\partial}{\partial x_j}(u'_i u'_j - \overline{u'_i u'_j})$ 和

用 u'_i 乘方程 $\dfrac{\partial u'_j}{\partial t} + \bar{u}_i \dfrac{\partial u'_j}{\partial x_i} + u'_i \dfrac{\partial \bar{u}_j}{\partial x_i} = -\dfrac{1}{\rho}\dfrac{\partial p'}{\partial x_j} + \nu \dfrac{\partial^2 u'_j}{\partial x_i \partial x_i} - \dfrac{\partial}{\partial x_i}(u'_j u'_i - \overline{u'_j u'_i})$，在这两个方程中，遍历求和的哑标采用任意下标来标注都是可以的，以便对上面交叉乘积后的方程进行相加运算，从而获得对变量 u'_i 和 u'_j 的对称表示。此外，因为应力张量 τ'_{ij} 具有对称性，这也是交叉求和的原因。这里的数学演算是简单的，但要注意记住 $\dfrac{\partial u'_i}{\partial x_i} = 0$，$\dfrac{\partial \overline{u'_k}}{\partial t} = 0$，脉动变量的均值以及平均值的微分运算为零等规则，求和的哑标用 k 代替，其结果如下

$$
\frac{\partial u'_i u'_j}{\partial t} + \bar{u}_k \frac{\partial u'_i u'_j}{\partial x_i} + u'_j u'_k \frac{\partial \bar{u}_i}{\partial x_k} + u'_i u'_k \frac{\partial \bar{u}_j}{\partial x_k}
$$

$$
= -\frac{1}{\rho}\left(u'_j \frac{\partial p'}{\partial x_i} + u'_i \frac{\partial p'}{\partial x_j} \right) + \nu\left(u'_j \frac{\partial^2 u'_i}{\partial x_k \partial x_k} + u'_i \frac{\partial^2 u'_j}{\partial x_k \partial x_k} \right)
$$

$$
- \left(u'_j \frac{\partial u'_i u'_k}{\partial x_k} + u'_i \frac{\partial u'_j u'_k}{\partial x_k} \right) + \left(u'_j \frac{\partial \overline{u'_i u'_k}}{\partial x_k} + u'_i \frac{\partial \overline{u'_j u'_k}}{\partial x_k} \right) \tag{3.14}
$$

将方程 (3.14) 左边第三项和第四项移到方程右边，使左边只留下局地变化和迁移变化项，然后对整个方程 (3.14) 取平均可得

$$
\overline{\frac{\partial u'_i u'_j}{\partial t} + \bar{u}_k \frac{\partial u'_i u'_j}{\partial x_i}}
$$

$$
= -\underbrace{\overline{\left(u'_j u'_k \frac{\partial \bar{u}_i}{\partial x_k} + u'_i u'_k \frac{\partial \bar{u}_j}{\partial x_k} \right)}}_{A} - \underbrace{\overline{\frac{1}{\rho}\left(u'_j \frac{\partial p'}{\partial x_i} + u'_i \frac{\partial p'}{\partial x_j} \right)}}_{B} + \underbrace{\nu\overline{\left(u'_j \frac{\partial^2 u'_i}{\partial x_k \partial x_k} + u'_i \frac{\partial^2 u'_j}{\partial x_k \partial x_k} \right)}}_{C}
$$

$$-\overline{\left(u_j'\frac{\partial \overline{u_i'u_k'}}{\partial x_k}+u_i'\frac{\partial \overline{u_j'u_k'}}{\partial x_k}\right)}_{\underbrace{\quad}_{D}}+\overline{\left(u_j'\frac{\partial \overline{u_i'u_k'}}{\partial x_k}+u_i'\frac{\partial \overline{u_j'u_k'}}{\partial x_k}\right)}_{\underbrace{\quad}_{E}} \tag{3.15}$$

再对标注 A, B, C, D 和 E 的有关各项分别进行简化处理,就不难获得能够从理论上作出某些解释的表示式。在进行简化处理时,主要利用两个变量乘积的微分运算,并对结果进行适当的搭配与组合,如 $a=\left(\dfrac{a}{2}+\dfrac{b}{2}\right)+\left(\dfrac{a}{2}-\dfrac{b}{2}\right)$ 等搭配,用于表示需要简化的部分,并将多出来的部分减去:

方程 (3.15) 左边 $=\overline{\dfrac{\partial u_i'u_j'}{\partial t}}+\overline{\bar{u}_k\dfrac{\partial u_i'u_j'}{\partial x_i}}=\dfrac{\partial \overline{u_i'u_j'}}{\partial t}+\bar{u}_k\dfrac{\partial \overline{u_i'u_j'}}{\partial x_i}$

方程 (3.15) 右边各项如下:

$$A=-\overline{\left(u_j'u_k'\frac{\partial \bar{u}_i}{\partial x_k}+u_i'u_k'\frac{\partial \bar{u}_j}{\partial x_k}\right)}=-\left(\overline{u_j'u_k'}\frac{\partial \bar{u}_i}{\partial x_k}+\overline{u_i'u_k'}\frac{\partial \bar{u}_j}{\partial x_k}\right)$$

$$B=-\overline{\frac{1}{\rho}\left(u_j'\frac{\partial p'}{\partial x_i}+u_i'\frac{\partial p'}{\partial x_j}\right)}=-\frac{1}{\rho}\overline{\left(\frac{\partial p'u_j'}{\partial x_i}-p'\frac{\partial u_j'}{\partial x_i}+\frac{\partial p'u_i'}{\partial x_j}-p'\frac{\partial u_i'}{\partial x_j}\right)}$$

$$=-\frac{1}{\rho}\frac{\partial}{\partial x_k}\overline{(p'u_j'\delta_{ik}+p'u_i'\delta_{jk})}+\frac{\overline{p'}}{\rho}\left(\frac{\partial u_i'}{\partial x_j}+\frac{\partial u_j'}{\partial x_i}\right)$$

$$=\frac{\partial}{\partial x_k}\left(-\frac{1}{\rho}\overline{p'u_j'}\delta_{ik}-\frac{1}{\rho}\overline{p'u_i'}\delta_{jk}\right)+\frac{1}{\rho}\overline{p'\left(\frac{\partial u_i'}{\partial x_j}+\frac{\partial u_j'}{\partial x_i}\right)}$$

$$C=\nu\overline{\left(u_j'\frac{\partial^2 u_i'}{\partial x_k\partial x_k}+u_i'\frac{\partial^2 u_j'}{\partial x_k\partial x_k}\right)}=\nu\frac{\partial}{\partial x_k}\left(\frac{\partial \overline{u_i'u_j'}}{\partial x_k}\right)-2\nu\overline{\left(\frac{\partial u_i'}{\partial x_k}\frac{\partial u_j'}{\partial x_k}\right)}$$

$$D=-\overline{\left(u_j'\frac{\partial u_i'u_k'}{\partial x_k}+u_i'\frac{\partial u_j'u_k'}{\partial x_k}\right)}=-\frac{\partial \overline{u_i'u_j'u_k'}}{\partial x_k}$$

$$E=\overline{\left(u_j'\frac{\partial \overline{u_i'u_k'}}{\partial x_k}+u_i'\frac{\partial \overline{u_j'u_k'}}{\partial x_k}\right)}\xrightarrow{\frac{\partial u_k'}{\partial x_k}=0}=0$$

上述数学推导都是基本的微分运算,以 D 为例:

$$\overline{\frac{\partial u_i'u_j'}{\partial t}}+\overline{\bar{u}_k\frac{\partial u_i'u_j'}{\partial x_i}}=\overline{u_j'\frac{\partial u_i'u_k'}{\partial x_k}+u_i'\frac{\partial u_j'u_k'}{\partial x_k}}$$

$$=\overline{u_j'\left(u_k'\frac{\partial u_i'}{\partial x_k}+u_i'\frac{\partial u_k'}{\partial x_k}\right)+u_i'\left(u_k'\frac{\partial u_j'}{\partial x_k}+u_j'\frac{\partial u_k'}{\partial x_k}\right)}$$

$$\xrightarrow{\frac{\partial u_k'}{\partial x_k}=0}=\overline{u_j'u_k'\frac{\partial u_i'}{\partial x_k}+u_i'u_k'\frac{\partial u_j'}{\partial x_k}}=\overline{u_k'\left(u_j'\frac{\partial u_i'}{\partial x_k}+u_i'\frac{\partial u_j'}{\partial x_k}\right)}$$

$$=\overline{u_k'\frac{\partial u_i'u_j'}{\partial x_k}}=\frac{\partial \overline{u_i'u_j'u_k'}}{\partial x_k}\leftrightarrow\overline{u_k'\frac{\partial u_i'u_j'}{\partial x_k}+u_i'u_j'\frac{\partial u_k'}{\partial x_k}}\xrightarrow{\frac{\partial u_k'}{\partial x_k}=0}$$

$$= \overline{u_k' \frac{\partial u_i' u_j'}{\partial x_k}}$$

将上述 A, B, C, D 和 E 的结果综合起来, 就得到脉动张量的动量输运表示式。

$$\frac{\partial \overline{u_i' u_j'}}{\partial t} + \bar{u}_k \frac{\partial \overline{u_i' u_j'}}{\partial x_i} = A + B + C + D$$

$$= -\left(\overline{u_j' u_k'} \frac{\partial \bar{u}_i}{\partial x_k} + \overline{u_i' u_k'} \frac{\partial \bar{u}_j}{\partial x_k} \right)$$

$$+ \frac{\partial}{\partial x_k} \left[-\frac{1}{\rho} \overline{p' u_j'} \delta_{ik} - \frac{1}{\rho} \overline{p' u'}_i \delta_{jk} + \frac{1}{\rho} \overline{p' \left(\frac{\partial u_i'}{\partial x_j} + \frac{\partial u_j'}{\partial x_i} \right)} \right]$$

$$+ \nu \frac{\partial}{\partial x_k} \left(\frac{\partial \overline{u_i' u_j'}}{\partial x_k} \right) - 2\nu \left(\overline{\frac{\partial u_i'}{\partial x_k} \frac{\partial u_j'}{\partial x_k}} \right) + \frac{\partial \overline{u_i' u_j' u'}_k}{\partial x_k}$$

对方程右边重新排列, 并按照文献中习惯的标注方式对有关各项加以标注, 则有

$$\underbrace{\frac{\partial \overline{u_i' u_j'}}{\partial t} + \bar{u}_k \frac{\partial \overline{u_i' u_j'}}{\partial x_i}}_{\frac{D \overline{u_i' u_j'}}{Dt}} = \underbrace{-\left(\overline{u_j' u_k'} \frac{\partial \bar{u}_i}{\partial x_k} + \overline{u_i' u_k'} \frac{\partial \bar{u}_j}{\partial x_k} \right)}_{P_{ij}}$$

$$+ \underbrace{\frac{\partial}{\partial x_k} \left(-\overline{u_i' u_j' u_k'} - \frac{1}{\rho} \overline{p' u_j'} \delta_{ik} - \frac{1}{\rho} \overline{p' u'}_i \delta_{jk} + \nu \frac{\partial \overline{u_i' u'}_j}{\partial x_k} \right)}_{D_{ij}}$$

$$\underbrace{- 2\nu \left(\overline{\frac{\partial u_i'}{\partial x_k} \frac{\partial u_j'}{\partial x_k}} \right)}_{\varepsilon_{ij}} + \underbrace{\frac{1}{\rho} \overline{p' \left(\frac{\partial u_i'}{\partial x_j} + \frac{\partial u_j'}{\partial x_i} \right)}}_{\varphi_{ij}} \quad (3.16)$$

由此就得到脉动量—— 雷诺应力 $\overline{u_i' u_j'}$ 的动量输运方程。方程 (3.16) 左边动量的局地时间变化 $\frac{\partial \overline{u_i' u_j'}}{\partial t}$ 和空间迁移变化 $\bar{u}_k \frac{\partial \overline{u_i' u_j'}}{\partial x_i}$ 与方程右边动量的产生项 (production) P_{ij}、扩散项 (diffusion) D_{ij}、耗散项 ε_{ij} 以及再分配项 φ_{ij} 达到动态平衡, 即

$$\frac{D \overline{u_i' u_j'}}{Dt} = \frac{\partial \overline{u_i' u_j'}}{\partial t} + \bar{u}_k \frac{\partial \overline{u_i' u_j'}}{\partial x_i} = -P_{ij} + D_{ij} - \varepsilon_{ij} + \varphi_{ij} \quad (3.17)$$

如果上述方程作缩并运算, 即令自由角标 $i = j$ 成为哑标, 遍历求和, 就很容易得到湍流动能 k 的公式: $k = \frac{1}{2} \overline{u_i' u'}_i$, 而 φ_{ij} 在 $i = j$ 时其散度 $\frac{\partial u_i'}{\partial x_i}$ 为零, 故方程右边只剩下三项, 湍流动能的方程得到进一步简化

$$\frac{\partial k}{\partial t} + \bar{u}_j \frac{\partial k}{\partial x_j} = \frac{1}{2} \left[-2\overline{u_i' u_j'} \frac{\partial \bar{u}_i}{\partial x_j} - \frac{\partial}{\partial x_j} \left(\overline{u_i' u_i' u_j'} + \frac{1}{\rho} \overline{p' u_j'} - \nu \frac{\partial k}{\partial x_j} \right) - 2\nu \overline{\left(\frac{\partial u_i'}{\partial x_j} \right)^2} \right]$$
$$(3.18)$$

采用随体导数，则有

$$\frac{\mathrm{D}k}{\mathrm{D}t} = \frac{1}{2}\left(P_{ij} + D_{ij} - \varepsilon_{ij}\right) = P + D - \varepsilon \tag{3.19}$$

其中

$$\begin{cases} P = \dfrac{1}{2}P_{ij} = -\overline{u_i'u_j'}\dfrac{\partial \bar{u}_i}{\partial x_j} = -2\overline{u_i'u_j'}\bar{S}_{ij} \\[2mm] D = \dfrac{1}{2}D_{ij} = -\dfrac{\partial}{\partial x_j}\left(\overline{ku_j'} + \dfrac{1}{\rho}\overline{p'u_j'} - \nu\dfrac{\partial k}{\partial x_j}\right) \\[2mm] \varepsilon = \dfrac{1}{2}\varepsilon_{ij} = \nu\overline{\left(\dfrac{\partial u_i'}{\partial x_j}\right)^2} = \nu\overline{S_{ij}'^2} \end{cases} \tag{3.20}$$

现在，对方程各项的意义作一说明。

(1) 产生项 P_{ij}：由雷诺应力 (如 $\overline{u_j'u_k'}$) 与应变率 (如 $\partial \bar{u}_i/\partial x_k$) 乘积组成，乘积就代表了相互作用，如果没有形变，这个乘积项等于零，意味着没有脉动产生；当然，如果没有脉动应力，自然也就没有脉动动能的产生。当产生形变时，脉动应力必然做功而获得动能。在图 3.1 中已经指出，在概率的意义下，u_i' 和 u_j' 的正负是相反的，因此 $(-\rho\overline{u_i'u_j'})$ 总是正值，这就总使产生项 P_{ij} 为正值，从而为湍流的维持提供能量。当湍流能耗超过产生项的产能时，脉动运动形态将趋于消失，代之的是规则的流动。要特别注意，这一项也出现在 Reynolds 平均方程 (3.12) 中，二者符号相反，说明平均能量为湍流脉动提供能量，维持湍流运动形态。

(2) 扩散项 D_{ij}：由脉动项、压力项和黏性项组成，脉动项 $(-\overline{u_i'u_j'u_k'})$ 中任意两项组成脉动能量 (如 u_i' 和 u_j')，而被第三个脉动速度 (u_k') 向通量方向扩散 (k 方向，垂直于 i-j 平面，参见图 2.8)。同样，压力项和黏性项也都是由与它们分别相乘的脉动速度扩散出去的，对这些量合取平均也就是不规则运动对能量扩散的平均效果。也可以说，压力梯度所做的功由湍流速度脉动传输；速度脉动又靠黏性应力输运，这是一个能量串行递减过程。

(3) 再分配项 φ_{ij}：注意在湍流动能的方程 (3.19) 中 φ_{ij} 已经消失，这说明再分配项只是流体脉动对压力形变能量起到一种均分的作用，因为 $\varphi_{ij} = \dfrac{1}{\rho}\overline{p'\left(\dfrac{\partial u_i'}{\partial x_j} + \dfrac{\partial u_j'}{\partial x_i}\right)}$ $= \dfrac{1}{2}\cdot\dfrac{1}{\rho}\overline{p'\tau_{ij}'}$，$\tau_{ij}'$ 是脉动应变率张量，脉动应力与脉动应变率张量联合作用起到一种脉动能量均衡的作用，但对流体动能没有贡献。

(4) 耗散项 ε_{ij}：是脉动应变率 (速度梯度 $\dfrac{\partial u_i'}{\partial x_k}$ 和 $\dfrac{\partial u_j'}{\partial x_k}$) 在流体黏性上的能耗。

可以设想这样一种情况：流态在空间上是均匀的，在时间上是非定常的。这是一种什么情形呢？只能是同步均匀运动，这时变量均值的空间导数全部为零，由

式 (3.19) 可得 $\dfrac{\partial k}{\partial t} = -\varepsilon$，这意味着湍流消耗能量而衰减，也只能靠同步均匀运动提供能量。从多尺度的观点来看，这是湍流处于惯性副区时的情形，后面我们还会讨论这个问题。

通过上述对能量动态平衡的论述，已经展示了湍流描述的复杂性和各种结果解释的复杂性，如果加上其他复杂性，就可以理解湍流研究进展十分缓慢的原因所在。从层流转捩为湍流，可以通过雷诺数 Re 来判别，也可以通过流态观察，这是比较明显的。但是，对于已经处于湍流状态的流动，作出比较，就不是容易的事情。流行的或者标准的方法是通过能量的平衡来分析的，其实，在复杂的湍流状态，特别是湍流的多尺度流态共存的局面，很难分清其中哪一部分是由哪一种因素或几种因素引起的，这些方法只可能对于某些简单的实验图像提供一种定性的分析，而且不是一种解释。后面在涉及能谱分析时，还会重新回到这个问题上来，因为能谱可能会对这里的说明给出一些补充。

第4讲 方程的闭合问题 —— 模式理论

在雷诺对 N-S 方程进行平均处理之后，一个新的问题出现了，就是方程的数目比未知变量的数目少一个，在 N-S 方程中，变量为三个分量的速度 (u, v, w) 和压力 (p)，与四个方程一致。而在平均处理之后，多出一个变量，即雷诺应力 $(-\rho\overline{u_i'u_j'})$，也就是 Reynolds 方程不闭合 (或不封闭)。一百多年来，没有有效的数学理论或动力学方法能够解决这个问题，遂与 N-S 方程中的非线性问题 $(u \cdot \nabla u)$ 合在一起，成为世纪难题。

前面已经说过，理论上 N-S 方程是可解的。但是，在 Reynolds 的玻璃圆管水流实验之后，对 N-S 方程求解问题的困难就有了更深入的理解，实验中被彩色墨水标记的流线和它发展到紊乱变化的三维轨迹，实际上就是 N-S 方程在不同雷诺数 Re 下的解。这样的解可以表示为：$u(x, y, z, t; Re)$，$v(x, y, z, t; Re)$，$w(x, y, z, t; Re)$ 和 $p(x, y, z, t; Re)$，如果把流体质点的运动轨迹 (Lagrange 轨迹方法) 从层流的平滑流线转换为湍流的时空复杂的曲线看成 N-S 方程的实际解，那么，这样复杂的时空曲线的数学描述是可能的吗? 可以说，N-S 方程纯粹是一个数学问题，而 Reynolds 方程则是一个流体力学问题，因为新出现的变量 —— 雷诺应力和脉动流态之间的关联，使力学家看到了新的希望，因为多出一个变量，也多出一条可以解决问题的途径。为了避开直接求解这个方程面临的当时和现在还无法克服的巨大困难，一些折中的但是有效的方法陆续出现，为解决急迫的甚至重大的实际应用问题提供了一种新的方法，这就是模式理论，在最简单的情况下，就是参数化方法 (也就是 0-方程模式)。从此，湍流的研究便沿着两种风格不同的途径向前发展，即模式理论和统计理论。

本讲选择具有代表性的、文献资料和教材认定的三种模式方法进行论述，主要阐述这些方法的基本思路，较少涉及具体的实际程序和处理步骤。这些模式是半经验性的，出发点是如何用参数化方法表示流体的脉动应力或雷诺应力 (这里的参数化方法是指，一个未知变量通过线性化的或更复杂一些的关系由另一个已知参量表示，而这些关系是根据经验得出的)，其中包括如下模式：① Boussinesq 涡黏性模式，Plandtl 混合长模式，$k\text{-}\varepsilon$ 能量模式；② Taylor 涡量输运模式；③ Karman 相似性应力模式。

现在分别论述如下。

4.1　Boussinesq 涡黏性模式、Plandtl 混合长模式、k-ε 能量模式

我们知道，牛顿流体是切应力与速度梯度 (应变率) 呈线性关系的流体，如式 (2.22) 所示。牛顿当时的实验是在层流流态下进行的，应力与平均速度梯度成正比，反映了流体本身的特性。当流态转变成湍流之后，流体不变而流态改变，就会很自然地想到，脉动的出现，一定会有相应的应力与之相对应，而且应力是由于流态的改变引起的，因此，新的应力与应变率的关系，既与牛顿定律相似又不完全相同，因为层流与湍流是不同的。这个新出现的应力一定与流态有关，其中的比例系数既与流态本身有关，也与流体流动的情况有关。正像物体的质量，它是物体的物理属性，原本与运动无关，不过，在认识上不能绝对化。因为，这种物理属性只有在运动中才能表现出来，它必然与运动状态有某种关联，果其不然，接近光速时，物体的质量随着运动速度的提高而增加。所以，完全不考虑流体的某些物理属性只有在流动中才能表现出来的基本事实，认为这些属性与运动无关，并不是很恰当的，在一定范围适合而在此范围之外就不一定适合的情况也屡有发生。

现在回到 Boussinesq 涡黏性模式的论述。牛顿已经通过实验证实了层流中的应力与应变率之间的关系 $\tau_{ij} = \mu \dfrac{\partial u_i}{\partial x_j}$，仿此，对于以涡旋为其运动特征的湍流情况，也可以用一个对应的涡黏性系数 μ_t 来表示脉动应力 (τ_t 或 τ_{ij-t}) 与脉动应变率之间的关系

$$\tau_t = -\rho \overline{u_2' u_1'} = \mu_t \frac{\partial u_2}{\partial x_1} \quad (\text{二维情况}) \tag{4.1}$$

或

$$\tau_{ij-t} = -\rho \overline{u_i' u_j'} = \mu_t \frac{\partial u_i}{\partial x_j} \quad (\text{三维情况}) \tag{4.2}$$

如果令 $\nu_t = \dfrac{\mu_t}{\rho}$ (称为运动涡黏性)，则有

$$\tau_t = \mu_t \frac{\partial \bar{u}_2}{\partial x_1} = \rho \nu_t \frac{\partial \bar{u}_2}{\partial x_1} \tag{4.3}$$

对于整个流动情况，将 μ 和 μ_t 或者 ν 和 ν_t 合起来考虑即可，并不影响上述 N-S 方程和 Reynolds 方程。这一切看起来似乎很合理，可实际情形并非如此。那么，问题出在何处？主要是如何确定 μ_t 或 ν_t。1877 年，Boussinesq 认为在剪切流中，脉动的切应力与垂直于流动方向的平均速度梯度成正比，如式 (4.1) 所示。实际观测的结果表明，在剪切流的近壁区，涡黏性系数 μ_t 的值变化很大，既与流体的物理属性有关，也与流动特性有关，类似于一个变量。我们知道，在壁面，流体没有滑移，

平均速度和脉动速度均为零,因此雷诺应力也为零,即 $\tau_{ij-t} = -\rho\overline{u_i' u_j'} = 0\,|_{y=0}$,相应的涡黏性系数 μ_t 同样也等于零。对于在槽道中或圆管中充分发展的湍流流动来说,中心线上的应力为零,平均速度梯度也为零,这样,涡黏性系数 μ_t 可以取任意值,都满足式 (4.1)。对于出现的这种情况,人们普遍认为根源是 Boussinesq 将流体系统与分子动力学系统类比,而这种类比并不恰当,它包括以下的类比:流体微元的平均速度 ↔ 分子的宏观速度;湍流脉动量的平均动量输运 ↔ 分子热运动的平均动量输运;湍流脉动的雷诺应力 ↔ 分子热运动的黏性力。其实,Boltzmann 的分子运动的细致平衡原理也是与力学系统比拟的结果,比拟不是问题的症结所在,而恰恰是 Boussinesq 的类比缺少了一个最重要的参数,就是流体微元的尺度与分子运动碰撞的自由程的类比。当然,作出恰当的类比并不容易,当实验测量结果说明在充分发展的湍流区,在射流和尾流中 μ_t 是一个常数时,Prandtl 的机会来了。他于 1904 年提出了简化黏性运动方程的理论 —— 边界层理论,黏性对运动的影响主要是在固体表面附近的区域内,特别是在高雷诺数的情况下,边界层的湍流运动发生在贴近物体表面很薄的一层平行流体内,尽管流体的黏性 μ 和 μ_t 很小,但垂直于来流速度方向的梯度变化非常大;虽然在 y 方向的速度值较小,不过,边界层很薄,由连续性方程 $\dfrac{\partial u}{\partial x} + \dfrac{\partial v}{\partial y} = 0$可以看出,边界层内 x 方向和 y 方向梯度变化的量级是一样的。这就提供了一种可能,将 μ_t 看成常数,类似于分子碰撞的平均自由程。流体微元保持自身的属性,直到与其他微元混合时的这样一段长度,就称为混合长度 l,相当于气体分子的平均自由程。在标准大气压下,1cm³ 的空气中约有 2.69×10^{19} 分子,气体分子的直径为 $d \approx 3.5 \times 10^{-10}$m,因此气体分子的平均自由程为 $\bar\lambda = 6.9 \times 10^{-8}$m。显然,气体分子的平均自由程远小于混合长度 l (毫米至厘米量级)。

　　下面,我们按照 Prandtl 的方式来说明混合长的物理意义。在图 4.1 中,在 y 轴上距离 $y(l)$ 点上下各为 l 处的平均速度分别记为 $\bar u(y+l)$ 和 $\bar u(y-l)$。第一种情况是流体微元 d 从平均速度为 $\bar u(y+l)$ 的位置 (图中 ⟶ 线) 向下运动到 $y(l)$ 位置,此处的平均速度为 $\bar u(y)$,流体微元是从速度高的位置移动到速度低的位置,速度差值是 $\Delta u_1 = \bar u(y+l) - \bar u(l)$,在 $y(l)$ 处展开为泰勒级数,取一阶近似,有 $\Delta u_1 \sim l\dfrac{\mathrm{d}\bar u}{\mathrm{d}y}$;第二种情况是流体微元 d 从平均速度为 $\bar u(y-l)$ 的位置 (图中------▶线)向上运动到 $y(l)$ 位置 (图中------▶线),流体微元是从速度低的位置移动到速度高的位置,速度差值是 $\Delta u_2 = \bar u(y) - \bar u(y-l)$,同样,取一阶近似,有 $\Delta u_2 \sim -l\dfrac{\mathrm{d}\bar u}{\mathrm{d}y}$。在 $y(l)$ 处速度的脉动就是由流体微元的上下运动形成的,显然,速度脉动的平均值 $\overline{|u|} = \dfrac{1}{2}\left(|\Delta u_1| + |\Delta u_2|\right) \sim l\left|\dfrac{\mathrm{d}\bar u}{\mathrm{d}y}\right|$,由连续性方程 $\dfrac{\partial u}{\partial x} + \dfrac{\partial v}{\partial y} = 0$ 可

知，$\left|\dfrac{\partial u}{\partial x}\right| = \left|\dfrac{\partial v}{\partial y}\right|$，因此，在 x 方向和 y 方向的脉动速度虽然不相等，但具有相同量级 $\overline{|u|} \sim \overline{|v|}$，引入系数 b 使 $\overline{|u|}$ 与 $\overline{|v|}$ 相等，即 $\overline{|u|}=b\overline{|v|}$。此外，还要注意 $\overline{|u|} \sim l\dfrac{\mathrm{d}\bar{u}}{\mathrm{d}y}$，引入系数 α 使得 $\overline{|u|}=\alpha l\left|\dfrac{\mathrm{d}\bar{u}}{\mathrm{d}y}\right|$；同样，由于 $\overline{|v|} \sim l\dfrac{\mathrm{d}\bar{u}}{\mathrm{d}y}$，引入系数 β 可使 $\overline{|v|}=\beta l\left|\dfrac{\mathrm{d}\bar{u}}{\mathrm{d}y}\right|$。

注意 v' 和 u' 的符号相反(参见图 3.1 和相关的解释)，就可以将 Reynolds 应力表示成如下形式

$$\overline{|u'v'|} = -b\overline{|u||v|} \xrightarrow[u\text{与}v\text{独立},\,\overline{u\cdot v}=0]{\overline{u'v'}=-\overline{u}\cdot\overline{v}+\overline{u\cdot v}} = -b\alpha\beta l\left|\dfrac{\mathrm{d}\bar{u}}{\mathrm{d}y}\right|\cdot l\left|\dfrac{\mathrm{d}\bar{u}}{\mathrm{d}y}\right| = -l_m^2\left(\dfrac{\mathrm{d}\bar{u}}{\mathrm{d}y}\right)^2$$

其中 $l_m = b\alpha\beta l$。因为 l 是一个待确定的比例系数，可以把系数 b，α，β 与 l 合在一起，用一个统一的系数 l_m 表示，这也许就是将 l_m 称为混合长的初衷吧。虽然它的实际含义是：一个流体微元在与其他流体微元混合之前保持自身属性的长度。由此，湍流的脉动切应力就可以表示如下

$$\tau_t = -\rho\overline{u_i'u_j'} = -\rho\overline{u'v'} = -\rho l_m^2\left(\dfrac{\mathrm{d}\bar{u}}{\mathrm{d}y}\right)^2 \tag{4.4}$$

由于脉动应力 τ_t 的符号与 $\dfrac{\mathrm{d}\bar{u}}{\mathrm{d}y}$ 一致，上式可以改写为

$$\tau_t = -\rho\overline{u_i'u_j'} = -\rho\overline{u'v'} = -\rho l_m^2\left|\dfrac{\mathrm{d}\bar{u}}{\mathrm{d}y}\right|\dfrac{\mathrm{d}\bar{u}}{\mathrm{d}y} \tag{4.5}$$

与 Boussinesq 涡黏性的公式 (4.3)比较 $\tau_t = \mu_t\dfrac{\partial\bar{u}_2}{\partial x_1} = \rho\nu_t\dfrac{\partial\bar{u}_2}{\partial x_1}$，可以看出，涡黏性系数与混合长度有如下关系：$\mu_t = -\rho l_m^2\left|\dfrac{\mathrm{d}\bar{u}}{\mathrm{d}y}\right|$ 或 $\nu_t = l_m^2\left|\dfrac{\mathrm{d}\bar{u}}{\mathrm{d}y}\right|$。

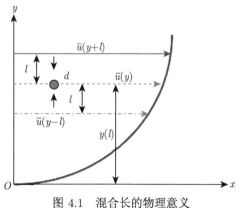

图 4.1　混合长的物理意义

混合长度 l_m 可以通过实验测定，它与壁面的垂直距离 y 成正比，即 $l_m = \kappa y$，κ 为 Karman 常数，取值为 0.4~0.41。

如果采用式 (3.20) 中产生项的表示式 $P = -\overline{u_i' u_j'} \dfrac{\partial \bar{u}_i}{\partial x_j}$，注意张量 S_{ij} 的对称

性：$\left(\dfrac{\mathrm{d}\bar{u}_i}{\mathrm{d}x_j} \right) = \dfrac{1}{2} \left(\dfrac{\mathrm{d}\bar{u}_i}{\mathrm{d}x_j} + \dfrac{\mathrm{d}\bar{u}_j}{\mathrm{d}x_i} \right) = S_{ij}$，$P$ 可以表示为 $P_{ij} = -\overline{u_i' u_j'} \dfrac{\partial \bar{u}_i}{\partial x_j} = -\overline{u_i' u_j'} \bar{S}_{ij}$。

请注意，对湍流脉动来说，雷诺数可以表示为 $Re = \dfrac{ul}{\nu_t}$。Re 是一个无量纲系数，用

一个系数 c 代替，令 $Re = \dfrac{1}{c}$，则有 $\nu_t = c \cdot ul$。根据牛顿流体或 Boussinesq 的涡黏性

模式，由式 (4.3) 可知 $\tau_t = -\rho \overline{u_i' u_j'} = -\mu_t \dfrac{\partial \bar{u}_i}{\partial x_j} = -\rho \nu_t \dfrac{\partial \bar{u}_i}{\partial x_j} = \rho \nu_t S_{ij} = \rho c \cdot ul S_{ij}$，可得

$\overline{u_i' u_j'} = c \cdot ul S_{ij}$，代入 P_{ij} 的表示式：$P_{ij} = -\overline{u_i' u_j'} \dfrac{\partial \bar{u}_i}{\partial x_j} = -\overline{u_i' u_j'} S_{ij} = -c \cdot ul S_{ij} \cdot S_{ij}$。$P_{ij}$

代表能的产生，它几乎被脉动应力所做的功 $\varepsilon \approx \dfrac{u^3}{l}$ 或 $\varepsilon = a \dfrac{u^3}{l}$ 消耗殆尽 (先认

可这个关系，它的导出在后面的统计理论中会有详细说明)。将 ε 与 P_{ij} 通过适当

的比例系数关联起来，即 $P_{ij} = \eta \varepsilon = \eta a \dfrac{u^3}{l}$，由此可得 $\eta a \dfrac{u^3}{l} = -c \cdot ul S_{ij} \cdot S_{ij}$，$u^2 =$

$-\dfrac{c}{\eta a} l^2 S_{ij} \cdot S_{ij}$，$u = l \left(\dfrac{c}{\eta a} S_{ij} \cdot S_{ij} \right)^{1/2}$，将 u 的表示式代入 $\nu_t = c \cdot ul$，又可以得到

Prandtl 的混合长模式

$$\nu_t = c \cdot ul = \left[c \left(\dfrac{c}{\eta a} \right)^{1/2} \right] l^2 |S_{ij}| = \left[c \left(\dfrac{c}{\eta a} \right)^{1/2} \right] l^2 \left| \dfrac{\partial \bar{u}_i}{\partial x_j} \right| = l_m^2 \left| \dfrac{\partial \bar{u}_i}{\partial x_j} \right| \tag{4.6}$$

式中，$l_m^2 = \left[c \left(\dfrac{c}{\eta a} \right)^{1/2} \right] l^2$。

比较这两种方法，前者物理概念清楚，很容易理解；后者缺少物理概念，不易理解，但是，也可作为动量输送的一种数学应用实例。

现在要问，Boussinesq 涡黏性的模式与 Prandtl 的模式本质上是大同小异的，为什么前者没有成功，而后者却开了模式理论的先河？这个问题的答案可能是：1877年 Boussinesq 提出涡黏性的模式时，对边界层湍流的了解和理解还不深入，处理涡黏性系数 μ_t 时，没有更有效的方法，也不可能获得更多的实验数据，从中获得启发；27 年之后，Prandtl 提出了边界层理论，其核心概念是流体与处于其中的物体相互作用发生在附壁的薄层之内，之外则可按理想流体处理，使得三维的流动简化为二维的流动 (Prandtl 边界层方程)。又过了 20 年，他才提出混合长模式，距离 Boussinesq 的涡黏性模式已经 47 年，这也是一段很长的时间了，至此才从涡黏性模式发展到混合长模式。理论家 Boussinesq 与应用基础学者 Prandtl 相比，可

能对问题的分析过于复杂了，处理问题也不如 Prandtl 直截了当。当然，Prandtl 有深厚的边界层理论和对湍流边界层的深刻理解，也是提出混合长模式的背景原因。在第 3 讲中解释 Reynolds 应力的公式 (3.7) 时，曾经提到，根据牛顿黏性流体定理，沿着 x 方向作用在垂直于 y 方向的面元 $\delta x \delta z$ 上单位面积所受的应力应是 $\tau_{xy} = \mu \dfrac{\partial u_x}{\partial y}$ (见图 2.7 和式 (2.22))，如果考虑面元的各种方向，τ_{xy} 的表示式可写成 $\tau_{ij} = \mu \dfrac{\partial u_i}{\partial x_j}$，那么施加于流体微元上的密度应力是 $\zeta_{ij} = \dfrac{\partial \tau_{ij}}{\partial x_j} = \mu \dfrac{\partial^2 u_i}{\partial x_j^2}$。这说明，对于流体微元而言，它的应力是三维的，不能在二维平面上考虑，这个观点非常重要。设想，当时 Boussinesq 提出涡黏性模式时，不是与 $\tau_{ij} = \mu \dfrac{\partial u_i}{\partial x_j}$ 类比，而是与 $\zeta_{ij} = \dfrac{\partial \tau_{ij}}{\partial x_j} = \mu \dfrac{\partial^2 u_i}{\partial x_j^2}$ 类比，也就是说，湍流应力表示为迁移速度的二次方 $\mu \dfrac{\partial^2 u_i}{\partial x_j^2}$ 而不是一次方 $\mu \dfrac{\partial u_i}{\partial x_j}$，那么涡黏性系数就是 $\mu_t \sim \dfrac{\partial \bar{u}_2}{\partial x_1}$ 或者 $\nu_t \sim \dfrac{\mu_t}{\rho}\dfrac{\partial \bar{u}_2}{\partial x_1}$，与后来的 Prandtl 混合长理论便毫无二致了。对于 Boussinesq，这当然是很遗憾的。

现在讨论 k-ε 能量模式：这个模式的出发点是，从湍流能量的产生与耗散相平衡的观点如何更好地确定混合长度，当前普遍采用的方法是量纲分析，没有清楚的物理解释，似有拼凑的意思。关于量纲分析会在第 6 讲中给出。现在，我们试着给出一种解释：ε 是能耗率，它和湍流动能 k 之比值 k/ε 表示完全耗散数量为 k 的湍流动能所需要的时间，记为 t_k，因为所有这些能耗都发生在流体流动过程中，也就是说，湍流能耗既是发生在时间过程中，也是发生在空间的运动中，从能量 k 开始被 ε 耗散，到全部耗尽，流体同步地移动到新位置，这一段距离记为 l，若流体微元移动的平均速度为 u，移动距离 l 所需要的时间等于 l/u，它与 t_k 是近似相等的。这样就可以得到表示式：$(l/u) \sim (k/\varepsilon) = t_k$，考虑到 $k = u^2/2$，引入比例系数 c_k，将近似关系"$\sim$"改写为"$=$"，即 $\dfrac{l}{u} = c_k \dfrac{k}{\varepsilon}$ 或 $l = c_k \dfrac{ku}{\varepsilon}$。前面已经得出 $\nu_t = c \cdot ul$，将 $l = c_k \dfrac{ku}{\varepsilon}$ 代入 $\nu_t = c \cdot ul$，可得

$$\nu_t = cc_k \frac{ku^2}{\varepsilon} = C_\mu \frac{k^2}{\varepsilon} \tag{4.7}$$

式中，比例常数 $C_\mu = cc_k$。我们看到，这是对混合长的另一种近似方法，在 k-ε 能量模式中，能量产生项与能耗项只是在量级上近似 (层流边界层)，而不是完全相等 (剪切流)。因此，需要仔细处理的问题有三个，即：① 湍流的间歇性；② 能量的逆向输运；③ 拟序结构。发生在湍流中的这三个过程，如间歇性，会影响准确地估计湍流能量的耗散过程和实际所费时间；逆向输运引起能量的局部再平衡，而不单单

是能耗过程; 拟序结构则意味着湍流过程中不完全是紊乱无序的过程, 湍流脉动应力并不反映拟序结构, 应当扣除这部分的影响。当然, 还有尺度的因素需要考虑。可以预计, 这样做了之后, k-ε 能量模式的应用范围和准确性会显著提高。

k-ε 能量模式实际使用时, 还需要补充两个方程, 就是关于 k 的和关于 ε 的方程, 由此得到闭合方程组。由于增加了两个辅助方程, 所以也称为二方程模式或 k-ε 标准模式, 它与商业上比较成熟的计算流体动力学模式 CFD 相结合, 得到广泛的应用。对这个模型做出主要贡献的有 Jonis, Launder 和 Sharma 等。

下面简要讨论如何获得 k 方程和 ε 方程。其实这两个方程是 Boussinesq 涡黏性假设的直接结果, 前面在论及这个假设时, 主要是提到它和分子的 Brown 运动作比拟, 得出涡黏性的表示式 (4.3), 现在可以进一步指出, 涡黏性假设也可以表示成如下更一般的形式

$$-\rho\overline{u_i'u_j'} + \frac{2}{3}\rho k\delta_{ij} = \rho\nu_t\left(\frac{\partial\bar{u}_i}{\partial x_j} + \frac{\partial\bar{u}_j}{\partial x_i}\right) = 2\rho\nu_t\bar{S}_{ij} \tag{4.8}$$

除了黏性系数, 它和牛顿流体的应力公式 (2.33) 在形式上是一样的。在第 2 讲中曾提到: 流体流动时增加了由黏性产生的应力, 即 τ_{ij}, 整个流体微元的压力 (应力)σ_{ij} 由两部分组成, 即 $\sigma_{ij} = -p\delta_{ij} + \tau_{ij}$, 其中 $\tau_{ij} = 2\mu S_{ij} + \left(\mu' - \frac{2}{3}\mu\right)S_{kk}\delta_{ij}$。如果不考虑 μ' 的影响, 并将 $\mu = \rho\nu$ 代入 τ_{ij} 的表示式中, 则 $\tau_{ij} = 2\rho\nu S_{ij} - \frac{2}{3}\rho\nu S_{kk}\delta_{ij}$。

因为 Boussinesq 涡黏性假设是针对脉动应力而言的, 上述公式需要改写成脉动应力的形式, 即 $\tau_t' = 2\rho\nu_t\bar{S}_{ij} - \frac{2}{3}\rho\nu_t\bar{S}_{kk}\delta_{ij}$, 那么, 脉动应力张量 $\bar{S}_{kk}$ 就是指脉动应力 $(-\rho\overline{u_i'u_j'})$ 或 $(-\overline{u_i'u_j'})$ 矩阵中对角线上的元素。一般情况下, 流体的 Reynolds 应力张量有九个分量, 即

$$\overline{u_i'u_j'} = \left[\begin{array}{ccc} \overline{u_1'u_1'} & \overline{u_1'u_2'} & \overline{u_1'u_3'} \\ \overline{u_2'u_1'} & \overline{u_2'u_2'} & \overline{u_2'u_3'} \\ \overline{u_3'u_1'} & \overline{u_3'u_2'} & \overline{u_3'u_3'} \end{array}\right] \tag{4.9}$$

对于流体微元的任一点处的某一应力, 过该点可以有无数个不同方向的平面, 取垂直于已知应力方向的平面, 称此平面为主平面。显然, 该点的无数个笛卡儿直角坐标系中总有一个坐标系的彼此垂直的平面符合这一要求。简单地说, 就是取坐标系的轴为应力方向即可, 这个轴称为主轴。这时, 式 (4.9) 简化为对角线矩阵

$$\overline{u_i'u_i'} = \left[\begin{array}{ccc} \overline{u_1'u_1'} & 0 & 0 \\ 0 & \overline{u_2'u_2'} & 0 \\ 0 & 0 & \overline{u_3'u_3'} \end{array}\right] = \left[\begin{array}{ccc} \overline{u_1'^2} & 0 & 0 \\ 0 & \overline{u_2'^2} & 0 \\ 0 & 0 & \overline{u_3'^2} \end{array}\right] \tag{4.10}$$

主对角线上的元素就是正应力, 而切应力均为零。第 2 讲中已经定义湍流动能为 $k = \frac{1}{2}\overline{u'_i u'_i}$, 表明脉动应力与湍流动能之间的关系(就是应力张量矩阵 (4.10) 的对角线元素之和 (称为 "迹") 的一半); 现在可以根据湍流动能在空间的分布, 定义 $k = \frac{1}{2}\left(\overline{u'^2_1} + \overline{u'^2_2} + \overline{u'^2_3}\right)$, 由于 $\overline{u'^2_1} = \overline{u'^2_2} = \overline{u'^2_3}$, 说明湍流动能是均匀分布在彼此正交的三个方向上 (如 x, y, z 方向), 两种定义是等价的。

由湍流动能在空间均匀分布的定义, 就可以得出如下关系式: $k = \frac{1}{2}\left(\overline{u'^2_1} + \overline{u'^2_2} + \overline{u'^2_3}\right) = \frac{3}{2}\overline{u'^2_1} = \frac{3}{2}\overline{u'^2_2} = \frac{3}{2}\overline{u'^2_3} = \frac{3}{2}\overline{u'^2}$或者 $\overline{u'_i u'_i} = \frac{2}{3}k\delta_{ij} = \frac{3}{2}\overline{u'^2}$, 在 Boussinesq 涡黏性假设的式 (4.8) 中, 补充了一项: $\frac{2}{3}\rho k\delta_{ij}$, 它的作用是, 在自由标 $i = j$ 和 $\bar{S}_{ii} = 0$ (连续性定律的结果) 时, 方程 (4.8) 也是成立的。因为这时方程 (4.8) 左边 $= -\rho\overline{u'_i u'_i} + \frac{2}{3}\rho k = -\frac{2}{3}\rho k + \frac{2}{3}\rho k = 0$; 右边 $= 2\rho\nu_t\bar{S}_{ii} = 0$。可见, Boussinesq 的数学处理是很巧妙的, 显示了他的思想的深刻性和对流体力学问题的深厚功底。

有了上面的知识, 理解如何获得 k 方程和 ε 方程的方法, 就不是困难的事了。

(1) k 方程在第 3 讲的式 (3.18)$\sim$ 式 (3.20) 中, 由于考虑脉动的影响, 用新的黏性公式 ν_t 补充到原来的黏性 ν 中, 也就是将 ν 用 $\tau_{k-\varepsilon} = \nu + \nu_t$ 代替。为了使方程更简洁, 先作一些处理, 主要是式 (3.20) 的能量产生项 P 和扩散项 D。

已知$P = \frac{1}{2}P_{ij} = -\overline{u'_i u'_j}\frac{\partial \bar{u}_i}{\partial x_j} = -\overline{u'_i u'_j}\frac{1}{2}\left(\frac{\partial \bar{u}_i}{\partial x_j} + \frac{\partial \bar{u}_j}{\partial x_i}\right) = -\overline{u'_i u'_j}\bar{S}_{ij} = 2\nu_{k-\varepsilon}\bar{S}_{ij}$; 而在 $D = \frac{1}{2}D_{ij} = -\frac{\partial}{\partial x_j}\left(\overline{ku'_j} + \frac{1}{\rho}\overline{p'u'_j} - \nu\frac{\partial k}{\partial x_j}\right)$ 中, 括号中的各项具有相同量纲, 有类似的作用, 脉动能量和压力扩散主要是靠局地梯度实现的, 很自然的想法是将它们合并并按照 $\nu\frac{\partial k}{\partial x_j}$ 的形式处理。为此, 可以设 $-\left(\overline{ku'_j} + \frac{1}{\rho}\overline{p'u'_j}\right) \approx \nu_t\frac{\partial k}{\partial x_j}$, 然后引入湍流 Prandtl 数 σ_k, 把近似式改写成等式: $\left(\overline{ku'_j} + \frac{1}{\rho}\overline{p'u'_j}\right) = -\frac{\nu_t}{\sigma_k}\cdot\frac{\partial k}{\partial x_j}$, 代入式 (3.18) 可得 k 方程

$$\frac{\partial k}{\partial t} + \bar{u}_j\frac{\partial k}{\partial x_j} = 2\nu_t\bar{S}^2_{ij} + \frac{\partial}{\partial x_j}\left[\left(\nu + \frac{\nu_t}{\sigma_k}\right)\frac{\partial k}{\partial x_j}\right] - \varepsilon \tag{4.11}$$

类似地, 可以得到 ε 方程, 虽然湍流能量的产生和耗散共处一体, 理应具有相似的形式, 但是, 能量产生与耗散发生在不同尺度的流体涡旋中, 考虑尺度的因素, ε 方程与 k 方程应是大同小异的, 不用进行烦琐的分析和推演, 从下面列出的 ε 方程就可以看到这一点。

(2) ε 方程。

$$\frac{\partial \varepsilon}{\partial t} + \bar{u}_j \frac{\partial \varepsilon}{\partial x_j} = \left(C_{\varepsilon_1} \frac{\varepsilon}{k} \right) 2\nu_t \bar{S}_{ij}^2 + \frac{\partial}{\partial x_j} \left[\left(\nu + \frac{\nu_t}{\sigma_k} \right) \frac{\partial \varepsilon}{\partial x_j} \right] - \left(C_{\varepsilon_2} \frac{\varepsilon}{k} \right) \varepsilon \qquad (4.12)$$

式中，ν_t 由式 (4.7) 给出：$\nu_t = C_\mu \dfrac{k^2}{\varepsilon}$。可以看出，方程 (4.12) 是将方程 (4.11) 中的 k 用 ε 代替而得，只是增加了黏性的修正因子 $\left(C_\varepsilon \dfrac{\varepsilon}{k} \right)$。根据 Launder 和 Sharma 1974 年的数值模拟实验，其中 C_{ε_1} 取值为 1.44，而 C_{ε_2} 取值为 1.92。这当然都是分析与实验相结合而得。ε 方程也可以通过对 Reynolds 脉动方程 (3.6) 作如下运算 $\left(\dfrac{\partial}{\partial x_j}(方程(3.6)) \right) \times 2\nu_t \dfrac{\partial u_i'}{\partial x_j}$ 而得。至此，对于 k 方程和 ε 方程的论述就要结束了，还剩下与此相关的一个问题是：k-ε 能量模式如何实现湍流方程的闭合问题。在流体力学的数学描述中，最常用的数学工具是张量，其实这里使用的张量限于四阶，主要是比较繁复，理解它也并不困难。对于运算，加法表示个体，可以区别个体的类型，同类型可以相加；乘法表示个体之间的相互作用，不分类型，$A \times B$ 表示 A 与 B 多种形式的相互作用，如碰撞、缠绕等；矢量表示独立属性，如矢量 $\boldsymbol{A}$ 和 $\boldsymbol{B}$ 各自有三个分量，乘积 $\boldsymbol{A} \times \boldsymbol{B}$ 仍然只有三个分量；张量是矢量与相乘 (并矢) 的同时作用。也就是说，零阶张量是标量，只有一个量；一阶张量是矢量，有三个分量；二阶张量相当于两个一阶张量相互作用与乘法 (并矢)，分量数目是 $3 \times 3 = 9$；三阶张量自然有 27 个分量，即 $3 \times 3 \times 3 = 27$；四阶张量的分量数目是 $3 \times 3 \times 3 \times 3 = 81$。应该可以看出，张量是矢量的独立性与相互作用同时出现，人类知识的进步，科学技术的发展，其实也就是从加法过程向乘法过程的转变。请看图 2.2 所示的一个立方休流休微元，前后、左右和上下各三对平面，每一对平面无限薄时 (图 2.6)，外法线正方向的三个应力面，彼此互相垂直，有 9 个分量，这当然很复杂。一个简单的办法是：只关注一个分量，不考虑其他分量，因为它们的数学表示式是一样的。根据这个思路，我们检验一下 k-ε 能量模式的变量与方程个数是否一致。

(3) k-ε 能量模式的闭合问题。

Reynolds 方程一个，变量数目两个 (速度 u_i，压力 p_i)；

k 方程一个，变量数目四个 (变量 k，ε，ν_t，$\bar{S}_{ij}$)；

ε 方程 1 个，变量数目四个，与 k 方程一样 (变量 k，ε，ν_t，$\bar{S}_{ij}$)；

连续性方程一个，变量数目一个，与 Reynolds 方程中的速度变量 u_i 一样；

张量 $\bar{S}_{ij}$ 方程一个，变量数目一个，与 Reynolds 方程中的速度变量 u_i 一样；

黏性系数方程一个，变量是 ν_t，就是 k 方程中的变量 ν_t 不是新变量。

共计有六个方程，六个变量，二者一致，因此方程是闭合的。也可以将张量 $\bar{S}_{ij}$ 方程和黏性系数方程不计入在内，剩下四个方程和四个变量 (速度 u_i，压力 p_i，湍流

动量 k 和湍流动能耗散率 ε) 仍然是闭合的。

4.2　Taylor 涡量输运模式

流体的涡量 $\boldsymbol{\omega}$(或 $\boldsymbol{\Omega}$) 是在流场的每一点都有定义的矢量，它是由速度 $\boldsymbol{u}$ 的旋度定义的 ($\boldsymbol{\omega} = \mathrm{curl}\,\boldsymbol{u} = \mathrm{rot}\,\boldsymbol{u}$)。现在考虑这样一种流态，如图 4.2 所示。图中标出的小方块在流体流动中，由于切应力的作用，C、D 两边相对于 A、B 两边有了转动，总的方位的平均变化不为零，因而 z 分量有涡量，x 和 y 方向没有涡量。这是二维剪切流动的情形 (为了简单直观，图中已经用 u_1, u_2 和 u_3 表示 x, y 和 z 方向的速度分量)。这时有 $\bar{u}_1 = \bar{u}_1(y)$, $\bar{u}_2 = \bar{u}_3 = 0$，涡量可以用反对称应力张量 Ω_{ij} 表示 (参见 2.2 节 "旋转张量 Ω_{ij} 的物理意义")，即 $\omega_{ij} = \dfrac{1}{2}\left(\dfrac{\partial u_i}{\partial x_j} - \dfrac{\partial u_j}{\partial x_i}\right)$：

$$
\begin{cases}
\omega_x = \omega_1 = \dfrac{1}{2}\left(\dfrac{\partial u_2}{\partial x_3} - \dfrac{\partial u_3}{\partial x_2}\right) = 0 \\[2mm]
\omega_y = \omega_2 = \dfrac{1}{2}\left(\dfrac{\partial u_3}{\partial x_1} - \dfrac{\partial u_1}{\partial x_3}\right) = 0 \\[2mm]
\omega_z = \omega_3 = \dfrac{1}{2}\left(\dfrac{\partial u_2}{\partial x_1} - \dfrac{\partial u_1}{\partial x_2}\right) = -\dfrac{1}{2}\dfrac{\partial u_1}{\partial x_2}
\end{cases}
\tag{4.13}
$$

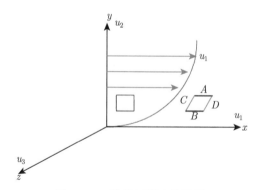

图 4.2　二维剪切流动的情形

1932 年 Taylor 研究了上述情况，意图是说明流体微元的动量输运受压力脉动的影响，不是保持不变的量。比较而言，涡量的输运在类似于 Prandtl 的混合长度 l_x 的距离之内是不变的，提出了涡量输运理论。他假定在 y 方向的这个长度是 l_ω，平均涡量 $\bar{\omega}_z$ 与脉动涡量 ω_z' 之间通过这个涡量输运长度 l_ω 联系起来，仿照 Prandtl 的混合长方法，Taylor 假定

$$
|\omega_z'| = l_\omega \left|\dfrac{\partial \bar{\omega}_z}{\partial y}\right|
\tag{4.14}
$$

这就是 Taylor 的涡量输运模式。既然与 Prandtl 的混合长模式类似，这二者之间必有确定的关系。为此，考虑图 4.1 所示的情形，流场的速度脉动只出现在 x 和 y 方向上，$u_1 = \bar{u}_1 + u'_1$，$u_2 = \bar{u}_2 + u'_2 = u'_2$，$u_3 = \bar{u}_3 + u'_3 = u'_3$，$\bar{u}_2 = \bar{u}_3 = 0$。切应力 $\tau_t = -\rho\overline{u'_1 u'_2}$ 在 y 方向的梯度为

$$\frac{\partial \tau_t}{\partial y} = \frac{\partial}{\partial y}\left(-\rho\overline{u'_1 u'_2}\right) = -\rho\overline{\left(u'_2 \frac{\partial u'_1}{\partial y} + u'_1 \frac{\partial u'_2}{\partial y}\right)}$$

$$= -\rho\overline{u'_2\left(\frac{\partial u'_1}{\partial y} - \frac{\partial u'_2}{\partial x}\right)} - \overline{\rho u'_1 \frac{\partial u'_2}{\partial y}} + \overline{\rho u'_2 \frac{\partial u'_2}{\partial x}} \xrightarrow[\frac{\partial u'_2}{\partial y} = -\frac{\partial u'_1}{\partial x}]{\frac{\partial u_1}{\partial x} + \frac{\partial u_2}{\partial y} = 0}$$

$$-\rho\overline{u'_2\left(\frac{\partial u'_1}{\partial y} - \frac{\partial u'_2}{\partial x}\right)} + \overline{\rho u'_1 \frac{\partial u'_1}{\partial x}} - \overline{\rho u'_2 \frac{\partial u'_2}{\partial x}}$$

$$= -\rho\overline{u'_2 \omega'_3} + \rho\frac{1}{2}\frac{\partial}{\partial x}\overline{\left(u'^2_1 - u'^2_2\right)}$$

$$= -\rho\overline{u'_2 \omega'_z} = -\rho\overline{u'_2 \omega'_3} + 0 = -\rho\overline{u'_2 \omega'_3} \tag{4.15}$$

由于流体在 x 方向是均匀的，空间导数均为零，因此有 $\frac{1}{2}\frac{\partial}{\partial x}\overline{\left(u'^2_1 - u'^2_2\right)} = 0$。再由式 (4.14) 可得

$$\frac{\partial \tau_t}{\partial y} = -\rho\overline{u'_2 \omega'_z} = -\rho\overline{u'_2 l_\omega}\left|\frac{\partial \bar{\omega}_z}{\partial y}\right|$$

考虑到

$$\omega_z = \bar{\omega}_z + \omega'_z = \frac{\partial u_1}{\partial y} - \frac{\partial u_2}{\partial x}$$

$$= \left(\frac{\partial \bar{u}_1}{\partial y} - \frac{\partial \bar{u}_2}{\partial x}\right) + \left(\frac{\partial u'_1}{\partial y} - \frac{\partial u'_2}{\partial x}\right) \xrightarrow{\bar{u}_2} \frac{\partial \bar{u}_1}{\partial y} + \left(\frac{\partial u'_1}{\partial y} - \frac{\partial u'_2}{\partial x}\right)$$

也就是说，涡量的平均值 $\bar{\omega}_z = \dfrac{\partial \bar{u}_1}{\partial y}$，而涡量的脉动值 $\omega'_z = \left(\dfrac{\partial u'_1}{\partial y} - \dfrac{\partial u'_2}{\partial x}\right)$。将 $\bar{\omega}_z = \dfrac{\mathrm{d}\bar{u}_1}{\mathrm{d}y}$ 代入 $\dfrac{\partial \tau_t}{\partial y} = -\rho\overline{u'_2 l_\omega}\left|\dfrac{\partial \bar{\omega}_z}{\partial y}\right|$，可得

$$\frac{\partial \tau_t}{\partial y} = -\rho\overline{u'_2 l_\omega}\left|\frac{\partial \bar{\omega}_z}{\partial y}\right| = -\rho\overline{u'_2 l_\omega}\frac{\mathrm{d}^2\bar{u}}{\mathrm{d}y^2} \tag{4.16}$$

涡量与速度直接相关，仿照式 (4.14)，也可以假定 $|u'_2| = l_\omega\dfrac{\mathrm{d}\bar{u}}{\mathrm{d}y}$，代入上式可得

$$\frac{\partial \tau_t}{\partial y} = -\rho l^2_\omega \frac{\mathrm{d}\bar{u}}{\mathrm{d}y}\frac{\mathrm{d}^2\bar{u}}{\mathrm{d}y^2} \tag{4.17}$$

积分后得 $\tau_t = -\dfrac{1}{2}\rho l^2_\omega \dfrac{\mathrm{d}\bar{u}}{\mathrm{d}y}\dfrac{\mathrm{d}\bar{u}}{\mathrm{d}y}$，与式 (4.5) $\tau_t = -\rho l^2_m \left|\dfrac{\mathrm{d}\bar{u}}{\mathrm{d}y}\right|\dfrac{\mathrm{d}\bar{u}}{\mathrm{d}y}$ 比较，得 $l^2_\omega = 2l^2_m$，因

此得到混合长度 l_m 与涡量输运长度 l_ω 之间的关系是 $l_\omega = \sqrt{2}l_m$。这个结果互相印证了与此有关的假设有一定的合理性，说明模式方法是解决闭合问题的一条有效途径，因而能在工程问题中得到较为广泛的应用。为了更好地体会这一点，下面还要再举一个实例。

4.3　Karman 相似性应力模式

作为 Prandtl 学派的继承者 Von Karman，同样具有鲜明的理论与实际相结合的研究风格，因而能在流体力学的许多方面有很多建树，下面举的例子就是其中之一。

我们已经熟悉了湍流模式方法中的一个基本假设，就是当 x 方向的流体微元在 y 方向移动一段距离 l 时，x 方向的速度 u_1 与 y 方向的速度梯度 $\dfrac{\partial \bar{u}_1}{\partial y}$ 呈线性关系，一阶近似为 $\bar{u}_1(y+l) - \bar{u}_1(y) = \dfrac{\partial \bar{u}_1}{\partial y}$，与脉动速度 u_1' 量级相同。更一般地说，湍流特征变量的扩散速度与它的梯度成正比关系。由于流体微元的连续性定律，流向速度 u_1 与切向速度 u_2 一般也有相同的量级，这样一来，流体切应力 $\tau_t = -\rho \overline{u_1' u_2'}$ 就可以写成下式，其中 u_1 和 u_2 总是相反的：

$$\tau_t = -\rho \overline{u_1' u_2'} = \rho l^2 \left| \frac{\partial \bar{u}_1}{\partial y} \right| \frac{\partial \bar{u}_1}{\partial y} \tag{4.18}$$

Karman 提出：在充分发展的湍流即发达湍流中，脉动流场的局部流态是相似的，这种几何相似性仍然保持多尺度特性，不同场点具有不同的特征长度和特征速度，对于湍流边界层，流体的黏性只在近壁层产生影响。这种考虑，特别是充分发展的湍流，设想它们的流动图案是动力学相似的，并没有包含深奥的物理机制，如果注意到各种不同尺度的涡是同处一个流体体系中，不同尺度的影响自然存在。但是，将这一假设转变成数学描述则不是一件容易的事，正如前言中指出的"有能力将一个物理思想用数学方式加以描述，是一个研究者核心的竞争能力的体现，这本小册子提供了一个练习的机会"。现在，我们回忆一下熟悉的基本知识：两个相似三角形的各边是成比例的，两个相似的代数方程中的各项系数也是成比例的。由此得到启发，这个代数方程可以从速度 u_1 在 y 方向移动距离 l 时速度差 $(\bar{u}_1(y+l) - \bar{u}_1(y))$ 的 Taylor 级数展开式得到。

$$\bar{u}_1(y+l) - \bar{u}_1(y) = \frac{\partial \bar{u}_1}{\partial y} l + \frac{1}{2} \frac{\partial^2 \bar{u}_1}{\partial y^2} l^2 + \frac{1}{3} \frac{\partial^3 \bar{u}_1}{\partial y^3} l^3 + \cdots \tag{4.19}$$

其中，l 是一个小量。无论是从 y_1 还是从 y_2 沿着 y 方向移动同样距离 l，它们的

Taylor 级数展开式 A_1 和 A_2 是相似的，根据式 (4.19)，其比值可表示如下

$$
\begin{aligned}
\frac{A_1}{A_2} &= \frac{\left.\dfrac{\partial \bar{u}_1}{\partial y}\right|_{y_1} l + \dfrac{1}{2}\left.\dfrac{\partial^2 \bar{u}_1}{\partial y^2}\right|_{y_1} l^2 + \dfrac{1}{3}\left.\dfrac{\partial^3 \bar{u}_1}{\partial y^3}\right|_{y_1} l^3 + \cdots}{\left.\dfrac{\partial \bar{u}_1}{\partial y}\right|_{y_2} l + \dfrac{1}{2}\left.\dfrac{\partial^2 \bar{u}_1}{\partial y^2}\right|_{y_2} l^2 + \dfrac{1}{3}\left.\dfrac{\partial^3 \bar{u}_1}{\partial y^3}\right|_{y_2} l^3 + \cdots} \\[2mm]
&= \frac{\left.\dfrac{\partial \bar{u}_1}{\partial y}\right|_{y_1} l}{\left.\dfrac{\partial \bar{u}_1}{\partial y}\right|_{y_2} l} = \frac{\dfrac{1}{2}\left.\dfrac{\partial^2 \bar{u}_1}{\partial y^2}\right|_{y_1} l^2}{\dfrac{1}{2}\left.\dfrac{\partial^2 \bar{u}_1}{\partial y^2}\right|_{y_2} l^2} = \cdots
\end{aligned}
\tag{4.20}
$$

注意到 $a/b = c/d \to a/c = b/d$，由此可得

$$
\left.\frac{\partial \bar{u}_1}{\partial y}\right|_{y_1} l = \eta \frac{1}{2}\left.\frac{\partial^2 \bar{u}_1}{\partial y^2}\right|_{y_1} l^2
\tag{4.21}
$$

略去下角标，令比例系数 $\dfrac{1}{\eta} = \kappa$ (Karman 常数)，由相似性假设，混合长 l 是正值，它的普遍的表示式是

$$
l = \kappa \left| \frac{\partial \bar{u}}{\partial y} \middle/ \frac{\partial^2 \bar{u}}{\partial y^2} \right|
\tag{4.22}
$$

将 l 代入式 (4.18) 可得

$$
\tau_t = -\rho \overline{u_1' u_2'} = \rho l^2 \left| \frac{\partial \bar{u}_1}{\partial y} \right| \frac{\partial \bar{u}_1}{\partial y} = \rho \kappa^2 \left| \left(\frac{\partial \bar{u}_1}{\partial y} \right)^3 \middle/ \left(\frac{\partial^2 \bar{u}_1}{\partial y^2} \right)^2 \right| \frac{\partial \bar{u}_1}{\partial y} = \rho \kappa^2 \left| \frac{\partial \bar{u}_1}{\partial y} \right| \frac{\partial \bar{u}_1}{\partial y}
\tag{4.23}
$$

　　还有其他一些推导方法，如在上面的二维流态中，将 Reynolds 速度方程直接用涡量方程代替 $\left(\dfrac{\partial \boldsymbol{\omega}}{\partial t} + \boldsymbol{u} \cdot \nabla \boldsymbol{\omega} = \boldsymbol{\omega} \cdot \nabla \boldsymbol{u} + \nu \nabla^2 \boldsymbol{\omega} \right)$，忽略黏性项，引入流函数，使整个简化的涡量方程无量纲化，就可以得到方程的系数为 $\left(l \dfrac{\partial^2 \bar{u}}{\partial y^2} \middle/ \dfrac{\partial \bar{u}}{\partial y} \right)$。根据相似性假设，该系数应等于一个常数，由此也可以获得式 (4.22) 的结果。推演过程与上面的情形类似，就不再重复了。

　　到此，应该可以看出，湍流流动状态的复杂性、描述的复杂性和结果解释的复杂性，在 Boussinesq, Prandtl, Taylor 和 Karman 寻找简单的应力闭合方法中有淋漓尽致的呈现。他们从应用的角度和对流体 Reynolds 应力的理解，各自提出了脉动应力的半经验公式，也就是常说的 0-阶模式。他们的侧重点不同，当然，对流体中脉动应力的理解也不甚相同，但是其结果有殊途同归之效果。

在这一讲的结尾，在有关如何看待湍流的问题中，还应包括 N-S 方程和 Reynolds 方程哪一个信息量大的问题，N-S 方程不等于湍流，即使 N-S 方程将来能获得解析解，也并不意味着湍流研究的结束，可能 N-S 方程犹如远处的山峦，宏伟壮观；Reynolds 方程如同近处眺望，巍峨秀美。模式方法，就是发现有蜿蜒曲折的幽径可以进入此山，呈现的壮丽美景正是：横看成岭侧成峰，远近高低各不同，不识庐山真面目，只缘身在此山中。(苏轼《题西林壁》) 对于湍流，遗憾的是，还缺乏全面深刻的描述，当前湍流界的情况可能是：国际上没有大师，国内没有权威，改变这种状态，希望在未来。

第5讲　动力学途径 ——Karman-Howarth 方程

在第 1 讲中指出, 在 Reynolds 的著名演示实验之后, 当人们认识到 N-S 方程的非线性项不能用已知的数学方法求解, 平均方法又遇到很难理解的闭合问题, 这样, 人们便开始寻求其他途径。在傅里叶变换盛行的时期, 统计模式和谱方法就成为研究湍流的主要数学工具, 自然也成为解决实际问题的有效方法。时至今日, 统计模式和谱方法依然是研究湍流的重要方法, 其中, 相关函数和能谱是重要的研究内容, 对于湍流这类速度场来说, 黏性流体的脉动应力或者 Reynolds 应力, 本质上就是一种相关函数, 推广开来, 可以称为相关函数张量或谱张量。它们的特点在数学上就是变量自乘或不同变量互乘后的统计特性。

本讲包括三个问题: ①H. P. Robertson 的各向同性湍流中的不变量理论; ② Karman-Howarth 方程; ③ 能谱张量。

5.1　H. P. Robertson 的各向同性湍流中的不变量理论

相关函数或关联函数是概率论的基础概念和内容, 是研究随机过程的主要数学工具。湍流是随机过程, 一般认为, 要了解一个随机过程, 需要获得时间-空间任意 N 个点上的任意 N 阶联合概率分布函数, 这是根据概率的极限过程得出的结果。比如, 掷一枚硬币, 当投掷次数趋于无穷多次时, 正反面各自出现的次数才能确定是各为 1/2。要是从获得基本信息的目的出发, 这个实验做 100 次也就足够了, 0.49 与 0.51 并不影响对一个过程的基本理解。当然, 对于像量子电动力学的某些计算, 或者当前最稳定的脉冲星的辐射频率的测定, 需要极高的精度。然而, 这个认识事物主要特性的基本判断仍是一致的。我们没有必要研究 N 个时空点上的 N 阶联合概率分布。在湍流研究中, 一个、两个和三个变量之间的相关函数已经足够为我们提供主要的信息, 特别是一个低维情况扩展到高维情况时, 能够获得的有效信息量是逐渐降低的, 而计算的复杂性却是增加的, 数学处理的困难也会成倍增长, 即使不考虑其扩展有无可能性, 这中间的信息与代价的关系要仔细衡量。正如要研究飞行, 用不着研究鸟的翅膀上的每一根羽毛的形状, 而是整个翅膀的横截面的轮廓。这个观点, 概括起来, 也就是从概率到统计再到信息的观点。在研究湍流问题时是很重要的, 需要仔细体会。

"相关" 自然是指自相关和互相关，它们均为乘法运算，表示二者相互作用的程度：一个变量的自乘为自相关，有在同一空间点相同时刻与不同时刻的相关，也有不同空间点同一时刻的相关和不同时刻的相关；互相关和三变量的相关也有这些类型。当然，高阶相关要比低阶相关更复杂，也许能提供一些信息，但是它所提供的信息往往被它的复杂性所淹没。需要注意的是，这些相关都是时间平均意义下的相关，特别是在研究均匀各向同性湍流时，情况更是如此 (下面将详细谈到这个问题)。也需要注意，Reynolds 应力张量与此处的相关函数张量虽然都是并矢运算 (式 (2.9) 和式 (2.17))，但二者的不同在于，后者与流体的黏性并无直接关联。相关函数最早是由 L. V. Keller 和 A. A. Friedman 于 1924 年引入湍流研究中的，他们认为不同时刻和不同位置的脉动速度之间的相关函数一旦求出，那么再令两点间的距离为零，时间间隔也为零，自然就得到 Reynolds 应力。遗憾的是，当时还没有形成均匀各向同性湍流的概念，致使他们的想法未能实现，14 年之后才有了转机，那是在 Taylor 提出均匀各向同性湍流模型之后了。

对于相关函数而言，在给出定量结果时，相关系数需要用它的均方根归一化，即除以均方根之值。全相关时的相关系数为 1，其他相关的相关系数小于 1，完全不相关时为 0。相关也可以看成是变量之间的 "记忆能力"，当度量的时间很长或距离很远时，变量之间的记忆能力就完全丧失，也就互不相关了。至于在大气和地球科学中所谓的 "遥相关"，是指事件出现时的对应关系，而不是事件之间有什么直接相互作用和影响。

现在开始讨论湍流多维随机场。如果一个速度场 $u(x) = \{u_1(x)+u_2(x)+\cdots+u_n(x)\}$ 的均值 $\overline{u(x)}$ 是一个常向量，就是均匀的；再如果是旋转不变的，那就是各向同性的。这就意味着 $\overline{u(x)}$ 是零向量。换句话说，如果在给定的一组空间点上的所有概率密度函数对于任意分量组在平移、旋转和反射变换中保持不变，就是均匀各向同性的矢量场。不过，前一个定义比后一个定义更有用。实际上，这两个定义是等价的。其中，均匀性的物理意义是指流场的统计平均值在空间上的均匀分布，与空间位置无关；而各向同性的物理意义则是指平均值在空间各个方向都一样，与空间方向无关。这样的流场当然是理想情况，不过，大气中的晴空湍流、风洞中格栅后面核心工作区的湍流、圆管中心线附近的流场，都可以看成均匀各向同性的流场。相对而言，这种流场虽然简单，但是它具有复杂流场的质量、动量和能量输运的基本物理属性，更重要的是，任何湍流理论必须与被实验验证的均匀各向同性湍流的理论一致，才称得上是成功的理论。研究这种似乎理想化的湍流场，也已历经了 100 多年，尚未有突破性的进展，可见其困难之大，其意义之重要已毋庸置疑。再一次强调指出，均匀性和各向同性是指流场的统计平均量，如何想象这样的流场图案呢？例如，上面提到 $\overline{u(x)}$ 是零向量，只要将坐标系选择成以流场的平均速度运动，那么瞬时量 (平均值 + 脉动值) 的均值是零就是很自然的结果。当

然，$\overline{\boldsymbol{u}(\boldsymbol{x})}$ 是零向量，就意味着 $\bar{u}_1 = \bar{u}_2 = \bar{u}_3 = 0$，没有平均流动，这时，可以人为地强烈搅动流体而形成均匀各向同性流场。对于这样的流场，我们想要知道或从中获得什么信息呢？由于平均量为零，Reynolds 应力也为零，已经没有信息可言。只有脉动量的瞬时值能够提供信息，可是，某一脉动分量的瞬时值早已由 Reynolds 应力方程确定 (式 (3.6))，不闭合，无法直接求解。那么，还有可能提供信息的就只能是流场的相关函数了，这样的思索源于随机场的概率密度函数和相关函数，它能提供流场不同空间点脉动速度的关联以及随时间和距离的变化。为此，从数学上确定各阶速度相关函数就是一个重要的问题，相应数学表示式的确定一般是十分烦琐的，不容易获得。庆幸的是，H. P. Robertson 研究了如何确定湍流场的相关函数的方法，数学处理简洁而实用，下面就来介绍他的思路和方法。图 5.1 所示是湍流场中的两个坐标系，为了简化数学推导，选择空间两点 $\boldsymbol{M}$ 和 $\boldsymbol{M}'$ 连线方向的径矢量 $\boldsymbol{r}(r = |\boldsymbol{r}|)$ 与 $Mx_1'x_2'x_3'$ 坐标系中的坐标轴 Mx_1' 重合，通过平移和旋转，就可以使它和 $Ox_1x_2x_3$ 坐标系重合。因此，无论径矢量 MM' 在空间的方位如何，都可以在 $Ox_1x_2x_3$ 坐标系中按上述方式表示，使其有 $r_1 = r$；$r_2 = r_3 = 0$。这时，两点间的相关函数张量在 $Ox_1x_2x_3$ 坐标系中如下式所示

$$B_{ij}(\boldsymbol{r}) = \overline{u_i(M)u_j(M')} = \overline{u_i(\boldsymbol{x})u_j(\boldsymbol{x}+\boldsymbol{r})} \tag{5.1}$$

这是一种通用的表示，M 的位置为 $\boldsymbol{x}$，M' 的位置为 $(\boldsymbol{x}+\boldsymbol{r})$，点 M 与点 M' 之间的距离和方向用矢量 $\boldsymbol{r}$ 表示。在均匀各向同性流场中，$B_{ij}(r)$ 在 $Ox_1x_2x_3$ 坐标系中绕 Ox_1 轴旋转和平移是不变量，它仅与径矢的大小 $r = |r|$ 有关，考虑到 $r_1 = r$；$r_2 = r_3 = 0$，因此有如下关系

$$B_{12}(0) = B_{13}(0) = B_{21}(0) = B_{23}(0) = B_{31}(0) = B_{32}(0) = 0 \tag{5.2}$$

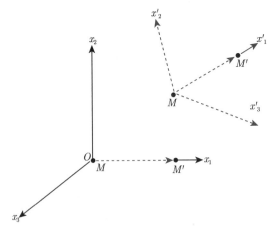

图 5.1　空间点 $\boldsymbol{MM}'$ 的坐标系，虚线标注的坐标系 $M'x_1'x_2'x_3'$ 相对于坐标系 $Ox_1x_2x_3$ 有旋转，而旋转轴 x_1' 与 $\boldsymbol{MM}'$ 重合

这样一来，$B_{ij}(r)$ 只有沿着 Ox_1 轴方向 (称为纵向或径向，也就是 MM' 方向) 和垂直于 Ox_1 轴的方向 (称为横向) 的相关函数张量不为零，采用 $Ox_1x_2x_3$ 坐标系体现了均匀各向同性流场在平移、旋转和反射变换下的不变特性，也就是以 r 为半径的球对称，极大地简化了相关函数张量的计算。现在，两点间的相关函数只有 $B_{22}(r) = B_{33}(r)$ 和 $B_{11}(r)$ 需要计算。

$$B_{11}(r) = B_{LL}(r) = \overline{u_L(M)u_L(M')} \tag{5.3}$$

$$B_{22}(r) = B_{33}(r) = B_{NN}(r) = \overline{u_N(M)u_N(M')} \tag{5.4}$$

其中，u_L 和 u_N 分别表示速度矢量 $\boldsymbol{u}$ 在 $\boldsymbol{r}$ 方向 (纵向) 和垂直于 $\boldsymbol{r}$ 的空间任意方向 (横向) 上的投影，如图 5.2 所示，应当将此图看成基矢量在空间中的几何关系 (也称为 "标架"，或 "构形"，就是三个不共面的基矢量组成的坐标系，当这三个基矢量互相正交时，称为正交 "标架" 或 "构形") 的二维截面图；$B_{LL}(r)$ 称为速度场 $\boldsymbol{u}$ 的纵向相关函数，而 $B_{NN}(r)$ 称为速度场 $\boldsymbol{u}$ 的横向相关函数，当 $r = 0$ 时，由式 (5.1) 可知，矩阵 $B_{ij} = \overline{(\boldsymbol{u}(\boldsymbol{x}))^2}$ 是一对角线矩阵，对角线之外的矩阵元素均为零 (式 (5.2))，矩阵的对角线元素之和 (迹数) 为 3，总能量的均值为 $\overline{(\boldsymbol{u}(\boldsymbol{x}))^2}$，因此有

$$B_{11}(0) = B_{22}(0) = B_{33}(0) = B_{LL}(0) = B_{NN}(0) = \frac{1}{3}\overline{(\boldsymbol{u}(\boldsymbol{x}))^2} \tag{5.5}$$

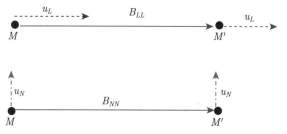

图 5.2 纵向 (L) 和横向 (N) 相关函数示意图

现在就来介绍 Robertson 的代数不变量定理：对于均匀各向同性湍流场来说，以若干个矢量 $\boldsymbol{r}, \boldsymbol{a}, \boldsymbol{b}, \cdots$ 为自变量的函数 $B(\boldsymbol{r}, \boldsymbol{a}, \boldsymbol{b}, \cdots)$，若在坐标系的旋转和反射变换下是不变量，那么，它就可以表示成这些矢量两两 "点乘"(标量积，如 $rr, r_ia_i, r_ib_i, a_ib_i, \cdots$) 的二次型标量函数。应用这个定理时，注意矢量的点乘是标量，如 $\boldsymbol{a} \cdot \boldsymbol{b} = ab = a_ib_i$，$\boldsymbol{r} \cdot \boldsymbol{b} = rb = r_ib_i$ 等。以二变量的相关函数 (二元相关函数，二阶相关函数，两点相关函数) 为例说明，如图 5.3 中 M 点的速度 $\boldsymbol{u}_a$ 和 M' 点的速度 $\boldsymbol{u}_b$，那么，二元相关函数的意思是什么呢？根据式 (5.1) 的定义，可以这样解释，M 点上的速度矢量 $\boldsymbol{u}_a$，与距离和方向由矢量 $\boldsymbol{r}$ 确定的另一点 M' 处的速度矢量 $\boldsymbol{u}_b$，二者的相关程度如何？矢量 $\boldsymbol{u}_a$ 和矢量 $\boldsymbol{u}_b$ 可以由单位矢量 $\boldsymbol{a}$ 和 $\boldsymbol{b}$ 代替，因为

对于均匀各向同性湍流场来说, 振幅强度不是需要关注的问题, 矢量 $\boldsymbol{a}$ 和 $\boldsymbol{b}$ 虽然是单位矢量, 但是, 由它们可以确定速度矢量 $\boldsymbol{u}_a$ 和 $\boldsymbol{u}_b$ 的方向。而二元相关函数只与径矢量 $\boldsymbol{r}$ 有关 (r 决定了两点之间的长度), 实际上与 a 和 b 无关 (因为 $a = b = 1$)。在作了这些说明之后, 就可以引入矢量 $\boldsymbol{r}$, $\boldsymbol{a}$ 和 $\boldsymbol{b}$ 的函数 $B(\boldsymbol{r},\boldsymbol{a},\boldsymbol{b}) = B_{ij}(\boldsymbol{r})a_i b_j$。这是一个标量函数, 按照 Robertson 的代数不变量定理, $B(\boldsymbol{r},\boldsymbol{a},\boldsymbol{b})$ 还可以表示成如下形式

$$B(\boldsymbol{r},\boldsymbol{a},\boldsymbol{b}) = A_1(r)r_i a_i r_j b_j + A_2(r)a_i b_i \tag{5.6}$$

将 $B(\boldsymbol{r},\boldsymbol{a},\boldsymbol{b}) = B_{ij}(\boldsymbol{r})a_i b_j$ 代入上式, 可得二元相关函数张量 $B_{ij}(\boldsymbol{r})$ 的一般表示式

$$B_{ij}(\boldsymbol{r}) = A_1(r)r_i r_j + A_2(r)\delta_{ij} \tag{5.7}$$

当 $i = 1, j = 1$ 时, $B_{ij}(\boldsymbol{r}) = B_{11}(r) = B_{LL}(r) = A_1(r)r^2 + A_2(r)$; 当 $i = 2$, $j = 2$ 时, $B_{22}(r) = B_{NN}(r) = A_2(r)$。这样, $A_1(r)$ 和 $A_2(r)$ 就可以由 $B_{LL}(\boldsymbol{r})$ 和 $B_{NN}(\boldsymbol{r})$ 表示, 然后根据式 (5.7) 可以确定

$$B_{ij}(\boldsymbol{r}) = \left[B_{LL}(r) - B_{NN}(r)\right]\frac{r_i r_j}{r^2} + B_{NN}(r)\delta_{ij} \tag{5.8}$$

$B_{ij}(\boldsymbol{r})$ 通常有 9 个分量, 而现在只有 2 个分量, 即 $B_{11}(r) = B_{LL}(r)$ 和 $B_{22}(r) = B_{33}(r) = B_{NN}(r)$, 计算复杂性明显降低。

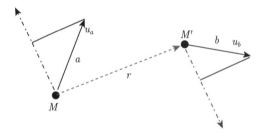

图 5.3　不同方向的矢量 a 和在 r 的横向方向的矢量 b 各自的投影, 形成一个正交 "标架", 图中没有画出在纵向方向的投影

由式 (5.8) 可以看出, $B_{ij}(\boldsymbol{r})$ 是 i, j 的偶函数: $B_{ij}(\boldsymbol{r}) = B_{ji}(\boldsymbol{r}) = B_{ji}(-\boldsymbol{r})$。现在顺便解释式 (5.8) 中出现的 δ_{ij}。在式 (5.6) 中, $A_2(r)a_i b_i$ 中的 $a_i b_i$ 具有张量缩并下角标的作用, $a_i b_i = 1$, 它其实没有什么意义, 仅指明在整个公式中, 相对于 $A_1(r)r_i r_j$, $A_2(r)$ 何时应当出现。另外, 也表示湍流速度矢量在横向上的相关程度, δ_{ij} 的幅度为 1, 不会引起任何附加的强度变化, 这种表示方式会经常遇到。为了方便起见, 可以将 Robertson 的代数不变量定理的应用改成如下方式: 矢量 $\boldsymbol{r}$ 的张量函数如果是旋转和反射下的不变量, 就可以表示成单位张量 δ_{ij} 和 $r_i r_j$ 的线性组合, 它们的系数只与 r 有关, 如 $A_1(r)$ 和 $A_2(r)$。按照这种方法, 可以将均匀各向同性湍流场 $\boldsymbol{u}(\boldsymbol{x})$ 的三元相关函数 $B_{ij,l}(\boldsymbol{r})$ 的具体表示式确定下来。

所谓两点三元相关函数 (在随机过程和概率论中, 也常称为三阶矩) 就是指流场中两点 (M 和 M') 的三个变量之间的关联, 首先是两点 (M 和 M') 的二元关联 $B_{ij,\cdot}(\boldsymbol{r})$, 下角标为 $ij,\cdot$, 被隔开的这种表示意指 i,j 是对称的偶函数; 其次是第三个变量与这两个变量之间的关联 $B_{ij,l}(\boldsymbol{r})$, 下角标为 ij,l, 它的一般表示式为 $B_{ij,l}(\boldsymbol{r}) = \overline{u_i(\boldsymbol{x})u_j(\boldsymbol{x})u_l(\boldsymbol{x}+\boldsymbol{r})}$。采用图 5.1 所示的坐标系 $Mx_1'x_2'x_3'$ 到 $Ox_1x_2x_3$ 的变换, 与二元相关函数类似, 也有纵向 (图中用箭头短线------▶标注) 和横向 (图中用箭头短线-·-·-·▶标注) 两种三组相关函数: $B_{LL,L}(r)$(纵–纵/纵), $B_{NN,L}(r)$(横–横/纵),$B_{LN,N}(r)$(纵–横/横), 分别如图 5.4(a)~(c) 所示, 其中, 横向相关是二元的, 只需要 δ_{ij} 体现张量的作用; 而纵向相关是三元的, 通过两点间的距离 r 实现, 因此需要 r_i, r_j 和 r_k 的联合作用, 即 $r_ir_jr_k$。为了不改变相关点的湍流场的强度, 通常采用 $\dfrac{r_ir_jr_k}{r^3}$ 的表示方式。对于在不同点上的横向相关, 采用 δ_{ij} 和 r_i 的组合表示, 如 $\delta_{ij}r_i$, $\delta_{ij}r_j$ 和 $\delta_{ij}r_k$。这种表示的好处是既符合实际情况, 又能一目了然地知道相关的纵横作用类型。按照 Robertson 的方法, 与式 (5.9) 类似, 也可以得出如下关系式

$$B_{ij,l}(\boldsymbol{r}) = B_1(r)r_ir_jr_l + B_2(r)\left(\delta_{jl}r_i + \delta_{il}r_j\right) + B_3(r)\delta_{ij}r_l \tag{5.9}$$

其中, $B_1(r)$, $B_2(r)$ 和 $B_3(r)$ 均是 r 的标量函数, 仍然有 $r_1 = r$, $r_2 = r_3 = 0$。也就是说, 两点三元相关函数 $B_{ij,l}(\boldsymbol{r})$ 包含了三个分量: $B_{LL,L}(r)$,$B_{NN,L}(r)$ 和 $B_{LN,N}(r)$, 它们的定义如下

$$\begin{cases} B_{ij,l}(\boldsymbol{r}) = \overline{u_i(\boldsymbol{x})u_j(\boldsymbol{x})u_l(\boldsymbol{x}+\boldsymbol{r})} \\ B_{LL,L}(r) = B_{11,1}(r) = \overline{u_L^2(\boldsymbol{x})u(\boldsymbol{x}+\boldsymbol{r})} \\ B_{NN,L}(r) = B_{22,1}(r) = B_{33,1}(r) = \overline{u_N^2(\boldsymbol{x})u(\boldsymbol{x}+\boldsymbol{r})} \\ B_{LN,N}(r) = B_{12,2}(r) = B_{13,3}(r) = \overline{u_L(\boldsymbol{x})u_N(\boldsymbol{x})u(\boldsymbol{x}+\boldsymbol{r})} \end{cases} \tag{5.10}$$

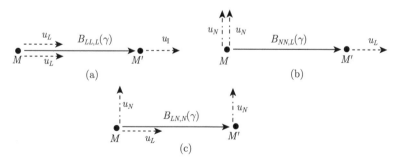

图 5.4　两点三元相关函数的纵向 (箭头短线------▶) 和横向 (箭头短线-·-·-·▶) 张量示意图

由式 (5.9) 很容易得出如下结果: 纵向相关 $B_{LL,L}(r) = B_1(r)r^3 + [2B_2(r) + B_3(r)]r$, 横向–纵向相关 $B_{NN,L}(r) = B_3(r)r$ 和纵向–横向相关 $B_{LN,N}(r) = B_3(r)r$,

代入式 (5.9) 可得两点三元相关函数用这三个分量表示的公式

$$
\begin{aligned}
B_{ij,l}(\boldsymbol{r}) = {} & \frac{B_{LL,L}(r) - B_{LN,N}(r) - 2B_{LN,N}(r)}{r^3} r_i r_j r_l \\
& + \frac{B_{LN,N}(r)}{r} \left(\delta_{jl} r_i + \delta_{il} r_j \right) + \frac{B_{NN,L}(r)}{r} \delta_{il} r_j
\end{aligned}
\tag{5.11}
$$

当 $r = 0$ 时, $B_{LL,L}(0) = B_{NN,L}(0) = B_{LN,N}(0) = 0$。有了上面的结果, 剩下要做的事就是推演二阶相关函数的动力学方程 (注意, 是二阶而不是三阶相关函数), 这是 5.2 节的内容。

5.2　Karman-Howarth 方程

在本节的数学推导中, 对于不可压缩的均匀各向同性湍流场, 有几个特性可利用, 使推导能够简化, 这几个特性是:

(1) 均匀各向同性湍流的特征量, 对于坐标系 (包括 "标架") 具有平移、旋转和反射变换下的不变性; 实际上, 瞬时值 $\boldsymbol{u}$、平均值 $\bar{\boldsymbol{u}}$ 和脉动值 $\boldsymbol{u}'$ 三者的关系是 $\boldsymbol{u} = \bar{\boldsymbol{u}} + \boldsymbol{u}'$, 由于这种流场是无方向的, $\bar{\boldsymbol{u}} = 0$, 因而 $\overline{\boldsymbol{u}'} = 0$。

(2) 速度场具有不可压缩性。流场的特征量对于径矢量各个分量 r_k 以及坐标系各分量 x_k 的导数运算均为零: $\dfrac{\partial}{\partial r_k}(\cdot) = 0$, $\dfrac{\partial}{\partial x_k}(\cdot) = 0$; 根据 $x' = x + r$, 有 $\dfrac{\partial}{\partial x'_k}(\cdot) = \dfrac{\partial}{\partial r_k}(\cdot)$, $\dfrac{\partial}{\partial x_k}(\cdot) = -\dfrac{\partial}{\partial r_k}(\cdot)$, 此处的下角标与需要求导的变量相对应。

(3) 二元相关函数是偶函数: $B_{i,j}(\boldsymbol{r}) = B_{j,i}(\boldsymbol{r})$, $B_{i,j}(\boldsymbol{r}) = B_{j,i}(-\boldsymbol{r})$; 根据式 (5.10) 的定义, 得知三元相关函数是奇函数, 但对于下角标 i 和 j 则有与偶函数类似的性质: $B_{ij,l}(\boldsymbol{r}) = B_{ji,l}(\boldsymbol{r})$。

(4) 速度与压强互相关为零, 也就是说, 压强与速度场互相独立, 压强对速度场没有影响 (需要说明的是, 在均匀各向同性湍流中, 压力驱使应力及其方向均一化, 当流场均一化之后, 压力的作用就消失了)。

(5) 这里研究的是无散场, 连续性定律对速度场的各变量均成立, $\dfrac{\partial u_i}{\partial x_i} = 0$, $\dfrac{\partial u'_i}{\partial x_i} = 0, \cdots$。为简单起见, 又不失去一般性, 可以不考虑外力作用, 设 $f_i = 0$。

现在推导二元相关函数 $B_{ij}(\boldsymbol{r}, t)$ 的动力学方程, 我们在第 3 讲中已经给出了湍流场的 N-S 方程 (见式 (3.2), 此处已经略去外力 f_i), 由于速度场的二元相关函数是流场中两点速度分量之间的乘积, 这两点的径矢量记为 $\boldsymbol{r}$, 通常有表示式 $x' = x + r$, 点 x 处的速度分量 u_i 由方程 (5.12) 的 (α) 表示。

$$
(\alpha): \frac{\partial u_i}{\partial t} + u_j \frac{\partial u_i}{\partial x_j} = -\frac{1}{\rho} \frac{\partial p}{\partial x_i} + \nu \frac{\partial^2 u_i}{\partial x_j \partial x_j}
\tag{5.12}
$$

同样，点 x' 处的速度分量 u'_j 由方程 (5.13) 中的 (β) 表示 (所有变量用右上角加 (') 表示)

$$(\beta):\frac{\partial u'_j}{\partial t} + u'_i\frac{\partial u'_j}{\partial x'_i} = -\frac{1}{\rho}\frac{\partial p'}{\partial x'_j} + \nu\frac{\partial^2 u'_j}{\partial x'_i\partial x'_i} \tag{5.13}$$

二元相关函数 $B_{ij}(\boldsymbol{r}, t)$ 的时间变化 $\dfrac{\partial}{\partial t}B_{ij}(\boldsymbol{r}, t)$，可以按照我们已经熟悉的方法来推导。就是用速度分量 u'_j 和 u_i 交叉乘上面的 (α) 和 (β) 得

$$(\alpha 1):\overline{u'_j\frac{\partial u_i}{\partial t}} + \overline{u_j u'_j\frac{\partial u_i}{\partial x_j}} = -\frac{1}{\rho}\overline{u'_j\frac{\partial p}{\partial x_i}} + \nu\overline{u'_j\frac{\partial^2 u_i}{\partial x_j\partial x_j}} \tag{5.14}$$

$$(\beta 1):\overline{u_i\frac{\partial u'_j}{\partial t}} + \overline{u'_i u_i\frac{\partial u'_j}{\partial x'_i}} = -\frac{1}{\rho}\overline{u_i\frac{\partial p'}{\partial x'_j}} + \nu\overline{u_i\frac{\partial^2 u'_j}{\partial x'_i\partial x'_i}} \tag{5.15}$$

然后，将两式相加再取平均，即 $\overline{(\alpha 1) + (\beta 1)}$，可得

$$\left(\overline{u'_j\frac{\partial u_i}{\partial t}} + \overline{u_i\frac{\partial u'_j}{\partial t}}\right) + \left(\overline{u_j u'_j\frac{\partial u_i}{\partial x_j}} + \overline{u'_i u_i\frac{\partial u'_j}{\partial x'_i}}\right)$$
$$= -\frac{1}{\rho}\left(\overline{u'_j\frac{\partial p}{\partial x_i}} + \overline{u_i\frac{\partial p'}{\partial x'_j}}\right) + \nu\left(\overline{u'_j\frac{\partial^2 u_i}{\partial x_j\partial x_j}} + \overline{u_i\frac{\partial^2 u'_j}{\partial x'_i\partial x'_i}}\right)$$

利用上面第 (5) 点特性 (无散场和连续性)，经过整理后得

$$\frac{\overline{\partial u_i u'_j}}{\partial t} + \frac{\overline{\partial u_i u_j u'_j}}{\partial x_j} + \frac{\overline{\partial u'_j u'_i u_i}}{\partial x'_i} = -\frac{1}{\rho}\left(\frac{\overline{\partial p u'_j}}{\partial x_i} + \frac{\overline{\partial p' u_i}}{\partial x'_j}\right) + \nu\left(\frac{\overline{\partial^2 u_i u'_j}}{\partial x_j\partial x_j} + \frac{\overline{\partial^2 u'_j u_i}}{\partial x'_i\partial x'_i}\right) \tag{5.16}$$

再用上述的特性 (2)(就是求导的自变量替换)：第一步是相关函数只与两点 $\boldsymbol{x}$ 和 $\boldsymbol{x}'$ 间的径矢量 $\boldsymbol{r}$ 有关，而与这两点 $\boldsymbol{x}$ 和 $\boldsymbol{x}'$ 采用的下角标 i 和 j 无关，可以按照求导的自变量替换公式 $\dfrac{\partial}{\partial x'_i}(\cdot) = \dfrac{\partial}{\partial r_i}(\cdot)$ 和 $\dfrac{\partial}{\partial x_i}(\cdot) = -\dfrac{\partial}{\partial r_i}(\cdot)$ 进行替换；第二步是将下角标 i 和 j 用 k 替换，这只是为了将对于像式 (5.16)中的两点三元相关函数 $u_i u_j u'_j$ 的变量的下角标区别开来，将 u_j 用 u_k 替换，以及作替换：$\dfrac{\partial}{\partial x'_k}(\cdot) = \dfrac{\partial}{\partial r_k}(\cdot)$，$\dfrac{\partial}{\partial x_k}(\cdot) = -\dfrac{\partial}{\partial r_k}(\cdot)$，这些替换除了区分变量外没有其他意义，这样一来，式 (5.16) 就可以改写成

$$\frac{\overline{\partial u_i u'_j}}{\partial t} + \frac{\overline{\partial u_i u_k u'_j}}{\partial x_k} + \frac{\overline{\partial u'_j u'_k u_i}}{\partial x'_k} = -\frac{1}{\rho}\left(\frac{\overline{\partial p u'_j}}{\partial x_i} + \frac{\overline{\partial p' u_i}}{\partial x'_j}\right) + 2\nu\frac{\overline{\partial^2 u_i u'_j}}{\partial r_k\partial r_k} \tag{5.17}$$

根据前面给出的二阶相关函数 $B_{ij}(\boldsymbol{r},t)$ 和三阶 $B_{ij,l}(\boldsymbol{r},t)$ 的定义 (5.1) 和 (5.10)，可以将式 (5.17) 改写成相关函数的动力学基本方程，特别要注意的是其中包含了三阶相关函数 $B_{il,j}(\boldsymbol{r},t)$ 和 $B_{l,jl}(\boldsymbol{r},t)$

$$\frac{\partial B_{ij}(\boldsymbol{r},t)}{\partial t} = \frac{\partial}{\partial r_k}\left[B_{il,j}(\boldsymbol{r},t) - B_{i,jl}(\boldsymbol{r},t)\right]$$
$$+ \frac{1}{\rho}\left[\frac{\partial B_{pj}(\boldsymbol{r},t)}{\partial r_i} - \frac{\partial B_{ip}(\boldsymbol{r},t)}{\partial r_j}\right] + 2\nu\frac{\partial^2 B_{ij}(\boldsymbol{r},t)}{\partial r_k \partial r_k} \tag{5.18}$$

在对压强和速度乘积的求导也作了这种替换后，就可以看出，在均匀各向同性湍流场中，压强与速度是不相关的，$\dfrac{\partial B_{ip}(\boldsymbol{r},t)}{\partial r_j}$ 是对称张量

$$\frac{\partial B_{ip}(\boldsymbol{r},t)}{\partial r_j} = \frac{\partial B_{jp}(\boldsymbol{r},t)}{\partial r_i} = \frac{\partial B_{pj}(\boldsymbol{r},t)}{\partial r_i}$$

因此，方程 (5.18) 中右边第二项应为零 (参见上面特性 (4)，这里的情况是针对各向同性湍流而言，与湍流二阶矩模式不同，在该模型中，这一项是主要模拟的部分)，在下面的公式中不再出现，即

$$\frac{\partial B_{ij}(\boldsymbol{r},t)}{\partial t} = \frac{\partial}{\partial r_k}\left[B_{il,j}(\boldsymbol{r},t) - B_{i,jl}(\boldsymbol{r},t)\right] + 2\nu\frac{\partial^2 B_{ij}(\boldsymbol{r},t)}{\partial r_k \partial r_k} \tag{5.19}$$

现在的问题是如何将式 (5.19) 中的相关函数张量 $B_{ij}(\boldsymbol{r},t)$，$B_{il,j}(\boldsymbol{r},t)$ 和 $B_{l,jl}(\boldsymbol{r},t)$ 用标量函数 $B_{LL}(r,t)$ 和 $B_{LL,L}(r,t)$ 表示。已有关系式 (5.8)，再加上前面提到的特性 (2)，就是流体的不可压缩性：$\dfrac{\partial}{\partial r_k}(\cdot) = 0$，由此，对 $B_{ij}(\boldsymbol{r},t)$ 的表示式 (5.8) 进行径矢量 r_i 的求导运算。

$$\frac{\partial B_{ij}(\boldsymbol{r},t)}{\partial r_i} = \frac{\partial B_{ij}(\boldsymbol{r},t)}{\partial r}\frac{\partial r}{\partial r_i}$$
$$= \left[\frac{\partial}{\partial r}B_{LL}(r,t) - \frac{\partial}{\partial r}B_{NN}(r,t)\right]\frac{r_i r_j}{r^2}\frac{\partial r}{\partial r_i} + \frac{\partial}{\partial r}B_{NN}(r,t)\delta_{ij}\frac{\partial r}{\partial r_i}$$
$$+ \left[B_{LL}(r,t) - B_{NN}(r,t)\right]\left(\frac{r_j}{r^2}\frac{\partial r}{\partial r_i} + \frac{r_i}{r^2}\frac{\partial r}{\partial r_i} - 2\frac{r_i r_j}{r^3}\frac{\partial r}{\partial r_i}\right) = 0 \tag{5.20}$$

对 δ_{ij} 作缩并简化，注意求和约定，整理后可得

$$B_{NN}(r,t) = B_{LL}(r,t) + \frac{r}{2}\frac{\partial}{\partial r}B_{LL}(r,t) \tag{5.21}$$

再将此式代入式 (5.8)，将式中的 $B_{NN}(r)$ 用 $B_{LL}(r)$ 表示，使得二元相关函数 $B_{ij}(\boldsymbol{r},t)$ 只用 $B_{LL}(r,t)$ 表示

$$B_{ij}(\boldsymbol{r}) = \left[B_{LL}(r) - B_{NN}(r)\right]\frac{r_i r_j}{r^2} + B_{NN}(r)\delta_{ij}$$

$$= -\frac{r}{2}\frac{\partial}{\partial r}B_{LL}(r,t)\frac{r_ir_j}{r^2} + B_{LL}(r,t) + \frac{r}{2}\frac{\partial}{\partial r}B_{LL}(r,t)\delta_{ij} \qquad (5.22)$$

仿照式 (5.20)，也对三元相关函数 $B_{ij,l}(\boldsymbol{r},t)$ 进行径矢量 $\boldsymbol{r}_l$ 的求导，由 $\frac{\partial}{\partial r_l}$ $B_{ij,l}(\boldsymbol{r},t) = 0$ 可得以下关系

$$B_{NN,L}(r,t) = -\frac{1}{2}B_{LL,L}(r,t)$$

$$B_{LN,N}(r,t) = \frac{1}{2}B_{LL,L}(r,t) + \frac{1}{4}\frac{\partial}{\partial r}B_{LL,L}(r,t) \qquad (5.23)$$

根据 $B_{ij,l}(\boldsymbol{r},t)$ 定义可知它是奇函数，显然有 $B_{i,jl}(r,t) = B_{jl,i}(-r,t)$，而 $B_{jl,i}(-r,t)$ $= -B_{jl,i}(r,t)$，因而有 $B_{il,j}(r,t) - B_{i,jl}(r,t) = B_{il,j}(r,t) + B_{jl,i}(r,t)$。现在我们就可以对式 (5.19) 进行推演了，具体步骤是：对式 (5.22) 求导，计算 $\frac{\partial}{\partial t}B_{ij,l}(\boldsymbol{r},t)$，计算结果作为方程的左边；然后再计算式 (5.19)，其结果作为方程的右边。令方程两边 $\frac{r_ir_j}{r^2}$ 的系数相等，同样令方程两边 δ_{ij} 的系数相等，就得到完全相同的两个方程，均代表二元相互关函数 $B_{ij,l}(\boldsymbol{r},t)$ 的时间演化的动力学系统 (在以下的计算中，较多地用到复合函数的二次求导运算，例如 $w(u,y)$，求导的具体公式是：$w' = u'y + uy'$，$w'' = u''y + 2u'y' + uy''$，$\nabla^2(fg) = (\nabla^2 f)g + 2(\nabla f)(\nabla g) + (\nabla^2 g)f$；以及张量求导运算，在笛卡儿坐标系中，张量的求导运算就是各分量的普通求导运算，可以利用的关系式是：$\frac{\partial r}{\partial r_i} = \frac{r_i}{r}$，$\frac{\partial r_i}{\partial r_i} = 3$，$\frac{\partial r_j}{\partial r_i} = \delta_{ij}$，但基矢量 r_i, r_j, r_k 不参与求导运算，要特别注意)。现在，需要计算的方程如下

$$\frac{\partial}{\partial t}B_{ij}(\boldsymbol{r},t) = \frac{\partial}{\partial t}\left[-\frac{r}{2}\frac{\partial}{\partial r}B_{LL}(r,t)\right]\frac{r_ir_j}{r^2} + \frac{\partial}{\partial t}\left[B_{LL}(r,t) + \frac{r}{2}\frac{\partial}{\partial r}B_{LL}(r,t)\right]\delta_{ij}$$

$$= \left(-\frac{r}{2}\frac{\partial}{\partial r}\right)\frac{\partial}{\partial t}B_{LL}(r,t)\frac{r_ir_j}{r^2} + \left(1 + \frac{r}{2}\frac{\partial}{\partial r}\right)\frac{\partial}{\partial t}B_{LL}(r,t)\delta_{ij} \qquad (5.24)$$

其中方程左边包含 δ_{ij} 的系数是 $\left(1 + \frac{r}{2}\frac{\partial}{\partial r}\right)\frac{\partial}{\partial t}B_{LL}(r,t)$，方程右边包含 δ_{ij} 的系数是 $\left(1 + \frac{r}{2}\frac{\partial}{\partial r}\right)\left(\frac{\partial}{\partial r} + \frac{4}{r}\right)B_{LL,L}(r,t) + 2\nu\left(\frac{\partial^2}{\partial r^2} + \frac{4}{r}\frac{\partial}{\partial r}\right)B_{LL}(r,t)$，令两边系数相等，则有

$$\left(1 + \frac{r}{2}\frac{\partial}{\partial r}\right)\frac{\partial}{\partial t}B_{LL}(r,t) = \left(1 + \frac{r}{2}\frac{\partial}{\partial r}\right)\left(\frac{\partial}{\partial r} + \frac{4}{r}\right)B_{LL,L}(r,t)$$

$$+ 2\nu\left(1 + \frac{r}{2}\frac{\partial}{\partial r}\right)\left(\frac{\partial^2}{\partial r^2} + \frac{4}{r}\frac{\partial}{\partial r}\right)B_{LL}(r,t) \qquad (5.25)$$

注意方程两边均包含一个乘积因子项 $\left(1 + \frac{r}{2}\frac{\partial}{\partial r}\right)$，当 $r = 0$ 时，上式应表示自相关

函数张量, 因此, 这个因子对任何函数的运算作用应是 $\left(1 + \dfrac{r}{2}\dfrac{\partial}{\partial r}\right) F(r,t) \equiv 0$。也就是说, 只有平凡解 $F(r,t) = 0$, 可以从方程 (5.25) 中消去, 这样, 就得到关于二阶相关函数 $B_{LL}(r,t)$ 演化的动力学方程

$$\frac{\partial}{\partial t} B_{LL}(r,t) = \left(\frac{\partial}{\partial r} + \frac{4}{r}\right) B_{LL,L}(r,t) + 2\nu \left(\frac{\partial^2}{\partial r^2} + \frac{4}{r}\frac{\partial}{\partial r}\right) B_{LL}(r,t) \tag{5.26}$$

这也意味着, 当 $r = 0$ 时, 自相关函数不能提供任何演化的信息。不过, 空间相关函数随着度量距离 r 的增大会逐渐衰减, 这是没有疑义的。至于衰减速度有多快, 则是一个不能确知的问题, 有的研究者假定这个下降速度应快于 r^{-4} 或 r^{-5}, 只要将 r^4 或 r^5 遍乘式 (5.26) 并对 r 从 0 到 ∞ 积分, 由于 r^4 或 r^5 和式 (5.26) 的下降速度 (r^{-4} 或 r^{-5}) 互补, 应该得出定值的结果。如果如此, 也就为上式的闭合问题提供了一条途径。1939 年 Loitsyansikii 正是这样做的, 验证了这个积分应是一常数 Λ: $\displaystyle\int_0^\infty r^4 B_{LL}(r)\mathrm{d}r = \Lambda$。

可是后来发现, 二阶矩 $B_{LL}(r)$ 的下降速度不低于 r^{-6}, 而三阶矩 $B_{LL,L}(r)$ 的下降速度只有 r^{-4}, 使得 Λ 不能保持不变。这有什么意义呢? 研究者希望发现湍流中某种规律性的东西, 比如这个积分值 Λ, 如果是一不变量, 那就意味着一定存在描述湍流场的普适的表示式或者特征参量, 对于闭合问题提供附加条件, 而寻找这种普适性表示式或特征参量就成为有希望的目标。

在许多中文文献和部分外文著作中, 也习惯于用 $R_{ij}(r,t)$ 表示相关函数, 而不用 $B_{ij}(r,t)$, 纵向和横向相关函数分别用 $f(r,t)$ 和 $g(r,t)$ 表示, 并采用归一化的定义方式, 即 $f(r,t) = \overline{u_\parallel(x+r,t)u_\parallel(x,t)}/\overline{u_\parallel^2}$, $g(r,t) = \overline{u_\perp(x+r,t)u_\perp(x,t)}/\overline{u_\perp^2}$, 由于 $\overline{u_\parallel^2} = \overline{u_\perp^2} = \overline{u^2}$, 所以纵向和横向相关函数也可以表示成 $F(r,t) = \overline{u^2}f(r,t)$ 和 $G(r,t) = \overline{u^2}g(r,t)$。在这种表示习惯中, $R_{LL}(r,t)$ 相当于这里的 $B_{LL}(r,t)$, 式 (5.26) 就可以写成如下形式

$$\frac{\partial}{\partial t} R_{LL}(r,t) = \left(\frac{\partial}{\partial r} + \frac{4}{r}\right) R_{LL,L}(r,t) + 2\nu \left(\frac{\partial^2}{\partial r^2} + \frac{4}{r}\frac{\partial}{\partial r}\right) R_{LL}(r,t) \tag{5.27}$$

这就是 Karman-Howarth 方程, 于 1938 年提出。它的基本的背景方程仍然是 Reynolds 方程, 具有湍流场中的典型特征: 方程不闭合。它并不比 Reynolds 方程简单, 那为什么要多此一举, 研究这个方程呢? 最根本的原因就是: 相关函数, 特别是自相关函数, 它是能量的一种度量, 研究这个方程, 实际上就是研究湍流场在演化中能量的动态平衡, 尤其是 Fourier 变换给出了相关函数与能谱之间的变换关系, 为后续的研究提供了很多有效的数学方法。推导 Karman-Howarth 方程还有更简洁的方法, 下面从张量分析的角度介绍一种简单的推演途径。式 (5.22) 表明,

二元相关函数 $B_{ij}(\boldsymbol{r},t)$ 或 $B_{ij}(\boldsymbol{r})$, 可以由二元横向相关函数 $B_{LL}(r,t)$ 确定

$$B_{ij}(\boldsymbol{r}) = -\frac{r}{2}\frac{\partial}{\partial r}B_{LL}(r)\frac{r_i r_j}{r^2} + B_{LL}(r)\delta_{ij} + \frac{r}{2}\frac{\partial}{\partial r}B_{LL}(r)\delta_{ij} \tag{5.28}$$

首先, 对这个方程进行指标的缩并运算, 可得二元相关函数 $B_{ij}(\boldsymbol{r})$ 的迹

$$\begin{aligned}
B_{ii}(r) &= -\frac{r}{2}\frac{\partial}{\partial r}B_{LL}(r)\frac{r_i r_i}{r^2} + B_{LL}(r)\delta_{ii} + \frac{r}{2}\frac{\partial}{\partial r}B_{LL}(r)\delta_{ii} \\
&= -\frac{r}{2}\frac{\partial}{\partial r}B_{LL}(r)\frac{r^2}{r^2} + 3B_{LL}(r) + \frac{3r}{2}\frac{\partial}{\partial r}B_{LL}(r) \\
&= 3B_{LL}(r) + r\frac{\partial}{\partial r}B_{LL}(r) = \left(3 + r\frac{\partial}{\partial r}\right)B_{LL}(r) \tag{5.29}
\end{aligned}$$

其次, 根据式 (5.19) 对 $\dfrac{\partial}{\partial r_k}\left[B_{il,j}(r,t) - B_{i,jl}(r,t)\right]$ 进行同样的指标缩并运算, 结果如下

$$\begin{aligned}
&\frac{\partial}{\partial r_k}\left[B_{il,j}(\boldsymbol{r},t) - B_{i,jl}(\boldsymbol{r},t)\right] = \frac{\partial}{\partial r_k}\left[B_{il,j}(\boldsymbol{r},t) + B_{jl,i}(\boldsymbol{r},t)\right] \\
&= \frac{\partial}{\partial r_k}2\left\{\left[B_{LL,L}(r) - r\frac{\partial}{\partial r_k}B_{LL,L}(r)\right]\frac{r_i r_j r}{r^3} + \left[2B_{LL,L}(r) + r\frac{\partial}{\partial r_k}B_{LL,L}(r)\right]\frac{\delta_{ij}r_k}{2r}\right\} \\
&\quad + \frac{1}{2}\frac{\partial}{\partial r_k}B_{LL,L}(r)(r_i\delta_{jk}+r_j\delta_{ik}) = \frac{\partial}{\partial r_k}\left(4B_{LL,L}(r) + r\frac{\partial}{\partial r_k}B_{LL,L}(r)\right) \\
&= \frac{\partial}{\partial r_k}\left[\left(\frac{\partial}{\partial r} + \frac{4}{r}\right)B_{LL,L}(r)r_k\right] \\
&= \left(\frac{\partial}{\partial r} + \frac{4}{r}\right)B_{LL,L}(r) \tag{5.30}
\end{aligned}$$

最后要计算的是黏性耗散项

$$\begin{aligned}
2\nu\frac{\partial^2 B_{ij}(\boldsymbol{r},t)}{\partial r_k \partial r_k} &= 2\nu\frac{\partial^2}{\partial r_k \partial r_k}\left\{-\frac{1}{2}\frac{\partial}{\partial r_k}B_{ij}(r,t)\frac{r_i r_k}{r} + \left[B_{ij}(r,t) + \frac{r}{2}\right]\delta_{ij}\right\} \\
&= 2\nu\frac{\partial^2}{\partial r_k \partial r_k}\left[-\frac{r}{2}\frac{\partial}{\partial r}B_{LL}(r) + 3B_{LL}(r) + \frac{3r}{2}\frac{\partial}{\partial r}B_{LL}(r)\right] \\
&= 2\nu\frac{\partial^2}{\partial r_k \partial r_k}\left[\left(r\frac{\partial}{\partial r} + 3\right)B_{LL}(r)\right] \\
&= 2\nu\frac{\partial}{\partial r_k}\left[\frac{\partial}{\partial r_k}\left(r\frac{\partial}{\partial r} + 3\right)B_{LL}(r)\right] \\
&= 2\nu\frac{\partial}{\partial r_k}\left[4\frac{\partial}{\partial r}B_{LL}(r) + r\frac{\partial^2}{\partial r^2}B_{LL}(r)\right] \\
&= 2\nu\frac{\partial}{\partial r_k}\left[\left(\frac{\partial}{\partial r} + \frac{4}{r}\right)\frac{\partial}{\partial r}B_{LL}(r)\right]r_k \\
&= 2\nu\left(\frac{\partial}{\partial r} + \frac{4}{r}\right)\frac{\partial}{\partial r}B_{LL}(r) \tag{5.31}
\end{aligned}$$

将式 (5.30) 和式 (5.31) 代入方程 (5.19)，立刻得出 Karman-Howarth 方程 (5.26)，这个推演过程既直观又简单。可见，张量表示有它独到的优点，是学习流体力学和湍流的有效数学工具。

Karman-Howarth 方程是湍流演化的重要的动力学方程，5.3 节将详细讨论这个问题。

5.3　能　谱　张　量

当今，Fourier 级数和积分变换已经成为基本的数学工具，大学的普通物理学和数学分析课程也会讲授。因此，对于 Fourier 变换已经没有必要进行专题介绍，为了本节内容的需要，下面扼要地介绍变换域的概念。数学上，任何一个完备的集合就确定了一个域，Fourier 变换涉及的是时间域和频率域中信号的等价表示。一个时间域里的信号 $f(t)$ 如果是平方可积的，那么它所对应的频率域中的信号 $F(\omega)$ 一定是存在的，二者之间有如下关系

$$F(\omega) = \int_{-\infty}^{\infty} f(t)\mathrm{e}^{-\mathrm{i}\omega t}\mathrm{d}t, \quad f(t) = \frac{1}{2\pi}\int_{-\infty}^{\infty} F(\omega)\mathrm{e}^{\mathrm{i}\omega t}\mathrm{d}\omega \tag{5.32}$$

注意上面两式中的变换基函数 $\mathrm{e}^{-\mathrm{i}\omega t}$ 和 $\mathrm{e}^{\mathrm{i}\omega t}$，其特点是 $|\mathrm{e}^{\mathrm{i}\omega t}| = |\mathrm{e}^{-\mathrm{i}\omega t}| = 1$，这一点非常有用，在变换中它不会引起附加的信号强度的改变。此外，我们特别关注的是平方可积信号，因为平方可积信号代表了能量，在下面分析中要用到这个概念。从能量的角度将二者联系起来的是 Parseval 定理

$$\int_{-\infty}^{\infty} f^2(t)\mathrm{d}t = \int_{\infty}^{\infty} |F(\omega)|^2\mathrm{d}\omega \tag{5.33}$$

说明两个变换域中的信号包含的物理意义是等价的，也就是保持能量的守恒。可是，相关函数与能谱密度这一对 Fourier 变换，由于信号的平方运算失去了重要的相位信息，不能反映功率谱相同而奇异性不同的流态，不易识别湍流涡度场的局部特性，如相干结构 (拟序结构)。为了弥补这一不足，可以同时采用小波 (子波) 变换提取湍流信号中的相位信息，小波变换不是域变换，而是对平方可积函数具有扫描、伸缩、平移和放大功能的同域乘积运算，小波基函数相当于带宽自适应调整的一系列滤波运算，犹如数学显微镜，适合于估计湍流信号的哪一部分对功率谱的贡献最大，特别是多尺度局部分析。这一特点已经在湍流图像分析中发挥了很好的作用，也是当前一个值得关注的研究方向。

变换由频率域可以很容易转换到波数域，波数是空间 2π 单位长度包含波长 λ 的数目，波数空间的变换基函数记为 $\boldsymbol{k} = k_i\boldsymbol{e}_i$，其中，$k_i = k_1, k_2, k_3$，$\boldsymbol{e}_i$ 是坐标单位基矢量，波矢量 $\boldsymbol{k}$ 既包含了波数也包含了波传播方向的信息。在湍流的实际应

用中, 主要是波数域和空间域之间的 Fourier 变换, 空间域中的相关函数 $B(\boldsymbol{r})$ 的 Fourier 变换就是波数域中的波数谱或能谱 $F(\boldsymbol{k})$, 由于湍流场是三维的, 有如下一般的变换关系

$$F(\boldsymbol{k}) = \frac{1}{(2\pi)^3} \iiint\limits_{-\infty}^{\infty} B(\boldsymbol{r}) \mathrm{e}^{-\mathrm{i}\boldsymbol{k}\cdot\boldsymbol{r}} \mathrm{d}\boldsymbol{r} \rightleftharpoons B(\boldsymbol{r}) = \iiint\limits_{-\infty}^{\infty} F(\boldsymbol{k}) \mathrm{e}^{\mathrm{i}\boldsymbol{k}\cdot\boldsymbol{r}} \mathrm{d}\boldsymbol{k} \tag{5.34}$$

$$\frac{1}{2}\overline{u^2(x)} = \iiint\limits_{-\infty}^{\infty} F(\boldsymbol{k}) \mathrm{d}\boldsymbol{k} = \int_0^\infty E(k) \mathrm{d}k \tag{5.35}$$

现在, 就可以将 Karman-Howarth 方程转变为谱方程。由于式 (5.34) 已经表明, 相关函数与能谱是一对 Fourier 变换, 所以直接应用式 (5.26) 或式 (5.27), 需要处理 $\left(\dfrac{\partial}{\partial r} + \dfrac{4}{r}\right)$ 和 $\left(\dfrac{\partial^2}{\partial r^2} + \dfrac{4}{r}\dfrac{\partial}{\partial r}\right)$, 不是很方便, 不如对式 (5.18) 或式 (5.19) 进行 Fourier 变换, 原因是, 由这两个相关函数方程直接得出相应的能谱, 简洁明了。式 (5.19) 与式 (5.18) 相比, 少了压强和速度的关联, 因为在均匀各向同性湍流中这两者是不相关的。我们就以式 (5.19) 进行变换, 其中用到相关函数导数的 Fourier 变换, 它是矩生成函数的低阶情况, 随机函数 $f(x)$ 的 n 阶原点矩与它的 Fourier 变换 $F(\xi)$ 有如下关系, 此处 $F(\xi)$ 也称为矩生成函数。

$$(\mathrm{i})^n \frac{\mathrm{d}^n F(\xi)}{\mathrm{d}\xi^n}\bigg|_{\xi=0} = \int_{-\infty}^{\infty} x^n f(x) \mathrm{d}x \tag{5.36}$$

把式 (5.19) 的 Karman-Howarth 方程写在下面

$$\frac{\partial B_{ij}(\boldsymbol{r},t)}{\partial t} = \frac{\partial}{\partial r_k} \left[B_{il,j}(\boldsymbol{r},t) - B_{i,jl}(\boldsymbol{r},t) \right] + 2\nu \frac{\partial^2 B_{ij}(\boldsymbol{r},t)}{\partial r_k \partial r_k} \tag{5.37}$$

对变量 r 的 Fourier 变换是

$$\frac{\partial F_{ij}(\boldsymbol{k},t)}{\partial t} = \Gamma_{ij}(\boldsymbol{k},t) - 2\nu k^2 F_{ij}(\boldsymbol{k},t) \tag{5.38}$$

式中

$$F_{ij}(\boldsymbol{k},t) = F_2(k) \left(\delta_{jl} - \frac{k_j k_l}{k^2} \right) = \frac{E(k)}{4\pi k^2} \left(\delta_{jl} - \frac{k_j k_l}{k^2} \right) \tag{5.39}$$

$$\begin{aligned} \Gamma_{ij}(\boldsymbol{k},t) &= -2\mathrm{i}k_l F_3(\boldsymbol{k},t) = \mathrm{i}k_l \left[B_{il,j}(\boldsymbol{r},t) - B_{i,jl}(\boldsymbol{r},t) \right] \\ &= \mathrm{i}k_l \left[B_{il,j}(\boldsymbol{r},t) + B_{jl,i}(\boldsymbol{r},t) \right] \end{aligned} \tag{5.40}$$

$$F_{ij,l}(\boldsymbol{k},t) = \mathrm{i}F_3(k) \left(\delta_{jl}\frac{k_i}{k} + \delta_{il}\frac{k_j}{k} - 2\frac{k_i k_j k_l}{k^3} \right) \tag{5.41}$$

$$E(k) = 4\pi k^2 F_{NN}(k) \tag{5.42}$$

波数域中二阶和三阶相关函数的连续性方程分别是：$k_i F_{ik}(\boldsymbol{k},t) = 0$，$k_l F_{ik,l}(\boldsymbol{k}) = 0$。(在时域和波数域满足连续性方程的湍流场在文献中也称为 "管量场"(solenoidal field)) 将这些公式代入方程 (5.38) 中，整理化简，就得出 Karman-Howarth 的波谱方程

$$\frac{\partial F_2(k,t)}{\partial t} = -2k F_3(k,t) - 2\nu k^2 F_2(k,t) \tag{5.43}$$

将 $F_2(k,t)$ 和 $F_3(\boldsymbol{k},t)$ 分别用 $E(k,t)$ 和 $T(k,t)$ 替换，Karman-Howarth 的湍能谱方程的通常表示式如下

$$\frac{\partial E(k,t)}{\partial t} = T(k,t) - 2\nu k^2 E(k,t) \quad 或 \quad \left(\frac{\partial}{\partial t} + 2\nu k^2 \right) E(k,t) = T(k,t) \tag{5.44}$$

式中，$T(k,t) = -8\pi k^3 F_{NN}(k)$。方程左边项表示湍流动能随时间的变化率；右边第一项来自 N-S 方程的惯性项，表示惯性作用引起的能量变化率，也就是湍流动能传输谱；右边第二项是黏性作用引起的湍能耗散率。因此，分别称 $E(k,t)$ 为能谱，$T(k,t)$ 为传输谱，而 $(-2\nu k^2 E(k,t))$ 为耗散谱。根据直接数值模拟、风洞实验测定和理论计算，可以得出这三个能谱函数曲线大致的变化趋势，如图 5.5 所示：含能区在波数谱的低端 (大尺度)，耗散区位于高端 (小尺度)。值得特别注意的是传输谱 $T(k,t)$，在波数谱的低端它为负值，吸收能量，然后在中间波数段越过波谱轴成为正值而释放能量，本质上起到能量再分配的作用。从图上 - - - 曲线就可以看出，它的总能量为零，对整个湍流场的能量没有贡献，能量在波数轴上具有明显分区现象，将会随着 Reynolds 数的增大越加明显，甚至出现裂隙。由于 Karman-Howarth 方程和它的谱形式都是不闭合的，造成无法求解。为此，Karman 提出自保持 (自相似) 假设，无论是时域还是波谱域，方程中的二元与三元相关函数均具有相似的表示式，如二元相关函数 $B_{LL}(r,t) = u^2(t) f\left(\dfrac{r}{l(t)} \right)$，那么，三元相关函数就应该是 $B_{LL,L}(r,t) = u^3(t) h\left(\dfrac{r}{l(t)} \right)$，其中，速度可以取湍流强度 $\overline{[u^2]}^{1/2} = [B_{LL}(0)]^{1/2}$，长度尺度可以取积分尺度或 Taylor 尺度，其目的就是设法使方程闭合。L. I. Sedov 基于自保持 (自相似) 假设，提出了一种求解函数 $f(r,t)$ 和 $h(r,t)$ 的方法，可以使 Karman-Howarth 方程获得解析解。由此看来，自保持假设可能是闭合方法中一种值得深入研究的附加条件。此外，谱函数，特别是三维谱，也很难直接测量，需先测出一维谱，通过 Fourier 反演，然后利用上述的自保持假设计算出三维谱。一般而言，在能量级串足够长，也就是说波谱很宽的情况下，可以推测湍能耗散与大尺度的运动特性、黏性耗散机制以及流动的具体环境无关。关于这一点，在随后的第 6 讲中会详细论述。在湍流的研究中这些内容是很重要的，需要深入思考、理解并记住。

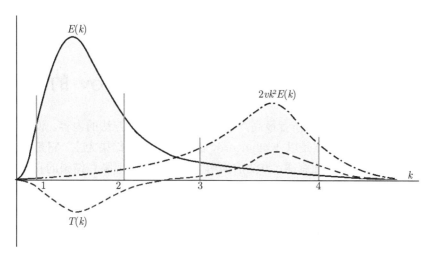

图 5.5 能谱 $E(k,t)$、传输谱 $T(k,t)$ 与耗散谱 $(-2\nu k^2 E(k,t))$ 的示意图

图中 1, 2 是含能区, 3, 4 是耗能区, 水平轴示波数 k

在第 7 讲中将会指出, 在实验观测到能量级串的间歇性以及拟序结构之后, 人们可以合理地怀疑上述论断的合理性和局限性。当对能谱 $E(k,t)$、传输谱 $T(k,t)$ 和耗散谱 $(-2\nu k^2 E(k,t))$ 有更精确的测量、模拟和计算之后, 就可以检验以往对能谱方程的解释是否合理。还要说明的是, 推导 Karman-Howarth 方程的方法有多种, 这里只介绍了两种; 利用 Fourier 级数对 Reynolds 脉动方程进行变换, 也能够获得该方程, 这里就不再介绍了。

第6讲 谱方法 ——Kolmogorov 的理论

在写完前 5 讲之后,作者很高兴能开始撰写有关谱方法的内容。说到湍流的谱方法,毫无疑问,自然是以 Kolmogorov 的理论与重要结果为主,它是湍流研究领域的一道彩虹,光彩而绚丽,方法的简单、物理概念的清晰和结果的直观令湍流研究者惊叹不已,75 年过去了,仍然显示着它的光辉。正如 Einstein 追求的简单、和谐和美的统一那样,湍流如此复杂,却隐含着如此简单的规律。正因为如此,才激励着人们在这艰难的道路上不间断地探索着,也许还要经历下一个百年,才有可能迎来湍流难题的突破。

本讲的内容包括:① Richardson 的一首小诗;② 量纲分析和序参量方法;③ Kolmogorov 的学术思想—理论—结果;④ 关于分布函数特性的一个注释。

6.1 Richardson 的一首小诗

93 年前,也就是 1922 年, L. F. Richardson 在科学界第一次进行了数值天气预报的尝试,手工计算天气图,没有成功,但是,这使他认识到天气过程的复杂性远比他预想的要复杂得多。当时他的看法是:天气过程是由一系列不同尺度的涡组成的,由于大气的黏性很小,大气处于完全发展的湍流状态,各种尺度的涡旋均被激发。设涡的尺度为 l,相应的特征速度为 $u(l)$,那么时间尺度便是 $\tau(l) = l/u(l)$。虽然不能准确地定义一个涡,但大体清楚、甚至可以适当设想的是,大涡和小涡同处于尺度为 l 的整个区域,既然天气过程是多变的,就说明这些涡是不稳定的,大涡破碎,将能量传递给小涡,小涡破碎,又将能量传递给更小的涡,这是一个相似的连续的涡破碎和能量的传递过程,直到 Reynolds 数 $Re = u(l)l/\nu$ 足够小,使得非常小的涡趋于稳定,被分子黏性所耗散。Richardson 用如下一首小诗简洁地勾画出涡的破碎和能量的传递过程的图像模式:

Big whorls have little whorls,	大涡中涡小涡共处,
Which feed on their velocity ;	涡旋破碎能量传递;
And little whorls have lesser whorls,	过程连续代代相传,
And so on to viscosity.	耗尽在分子黏性里。

如此清晰的图像模式就是对湍流能量级串过程最好的诠释,如果大涡的尺度为 l,包含的能量为 u^2,时间尺度是 $\tau = l/u$,那么,大涡破碎传递能量的速率就

是 $u^2/\tau = u^3/l$，能量的耗散率 ε 应当与 $u^2/\tau = u^3/l$ 相当 (没有考虑流体的黏性 ν)。Richardson 去世已经 50 年，经过这样久远的岁月，人们不一定还记得他，但是这首小诗却流传至今。在湍流的文献和教材中赋予 "能量级串" 的专有含义记载下来，由于涡的破碎在前，能量传递在后，原因在前，结果在后，所以冠以 "级串" 过程；而不是结果在前，原因在后，或者传递在前，破碎在后的 "串级" 过程。在大气湍流研究中，以量纲为一的 Richardson 数来纪念这位天气预报的先驱及他的贡献。

6.2　量纲分析和序参量方法

上面提到量纲为一的 Richardson 数和前面已经熟悉的 Reynolds 数，都是湍流研究中频繁使用的量纲分析的结果。在介绍 Kolmogorov 的学术思想—理论—结果之前，一定要对量纲分析有一个基本的了解，因为 Kolmogorov 正是利用量纲分析这一有效的数学工具得出了他的重要结果。至于序参量方法，与量纲分析有一定的相似之处，面对复杂的多变量系统，序参量方法对于寻找主要变量或主导因素还是有参考价值的，值得在此一并介绍。

提到量纲，一个基本事实就是自然科学和技术科学离不开度量，加法中的度量，同类相加；乘法中的度量无此限制，但受下面介绍的量纲齐次性的限制。这里所说的度量就是指规定度量单位，人类生活在物质世界里，时间、空间和物质就构成了主要的度量对象，因而时间 (T)、长度 (L) 和质量 (M) 就是基本的独立的物理量纲。它们的度量单位便是厘米 (cm)，克 (g)，秒 (s)，并由国际统一标准定时校准，其他物理对象的度量全部由此基本量纲导出，称为导出量纲，随着研究对象的不同，需要扩展基本量纲。例如，在热力学中，温度是一个基本量纲 (绝对温度)，常用的是摄氏温度 (°C)。

这里所说的量纲分析主要有两点，其一是齐次性，其二是完备性。它的具体内容如下：

(1) 等式和方程式两边的量纲，包括度量单位的阶次 (幂) 必须一致，即齐次性。齐次性就意味着要研究的物理量与其他变量或物性参量之间的关系只能是乘除关系而不是加减关系。

(2) 各个变量的度量单位必须各自一致，如长度均用厘米或米度量，度量单位按比例改变，不影响结果，数学表示式不变。在由 n 个变量组成的物理系统中，一组 k 个独立的量纲为一的量，可以导出其他变量的量纲，而它自身的量纲则不能由其他变量导出，那么 $(n-k)$ 个量纲就是一组完备的量纲。这个特性就是完备性。

有时候，研究人员也会偶尔犯量纲方面的错误，在构想一个新方法、推导一个新公式时，一般并不标明度量单位，得出表示式时也没有检查量纲的齐次性，就难以保证不会出现错误, 特别是量纲错误, 因为这个错误是其他错误的先兆, 是最基本的错误, 不要忽视按上述两点核查你的新方法和新公式。

　　情况反过来, 在探讨一个新问题时, 如何确定有关变量之间的关系或是数学表示式, 就需要借助量纲方法, 特别是 π 理论 (E. Buckingham 定理)。也就是说, 由 n 个变量 $x_1, x_2, \cdots, x_n$ 组成的一个物理系统 $y = f(x_1, x_2, \cdots, x_k, \cdots, x_n)$, 已知前 k 个变量是基本量纲 (对于力学量来说, 通常基本量纲不超过 3 个, 即 L,M,T), 而后 $(n-k)$ 个变量具有导出量纲, 其形式是 $[x_{k+i}] = [x_1]^{d_{i1}} \cdots [x_k]^{d_{ik}}$ $(i = 1, 2, \cdots, n-k)$, d_{ik} 是变量的量纲幂次。那么, 对原来的物理系统 $y = f(x_1, x_2, \cdots, x_k, \cdots, x_n)$ 的 n 个变量进行无量纲化, 就可以得到简化成只有 $(n-k)$ 个量纲为一变量表示的物理系统

$$y = x_1^{d_1} \cdots x_k^{d_k} f(\underbrace{1, 1, \cdots, 1}_{k}; \pi_1, \pi_2, \cdots, \pi_{n-k}) \tag{6.1}$$

或者表示成如下形式

$$\frac{y}{x_1^{d_1} \cdots x_k^{d_k}} = \pi = f(\underbrace{1, 1, \cdots, 1}_{k}; \pi_1, \pi_2, \cdots, \pi_{n-k}) \tag{6.2}$$

其中, π 和 π_i 的表示式是量纲为一的变量

$$\pi = \frac{y}{x_1^{d_1} \cdots x_k^{d_k}}, \quad \pi_i = \frac{x_{k+i}}{x_1^{d_{i1}} \cdots x_k^{d_{ik}}}, \quad i = 1, 2, \cdots, n-k \tag{6.3}$$

只要求出前 k 个变量的量纲 $d_1, d_2, \cdots, d_k$ 和后 $(n-k)$ 个变量的量纲 $d_{i1}, d_{i2}, \cdots, d_{ik}$, 由式 (6.1) 就可以确定 y 的表示式。需要特别注意的是, 此处的 y 就是欲求的主要的物理量。为了理解上述的方法, 现在举例说明。我们现在知道, Reynolds 实验确定了流体通过圆管的流动, 由层流转捩为湍流的关键因素是量纲为一的特征数 Re。如何用量纲分析来确定或找出这个特征数呢?

　　与圆管流体流动有关的是四个参量, 即圆管直径 d, 平均流速 u, 流体密度 ρ 和动力黏性系数 μ, 这个实验系统可以表示为 $y = u = f(d, \rho, \mu)$。因为这里所关心的是速度 u 的流动状态的改变, 这种状态的改变只能与 d, ρ, μ 这三个参量有关, 而这三个参量彼此是无关的, 可以无量纲化; 再由 $d^a \rho^b \mu^c$ 将 u 无量纲化, 也就是由量纲齐次性可得 $u = d^{d_{i1}} \rho^{d_{i2}} \mu^{d_{i3}}$。

　　根据 π 定理有 $y = u = d^a \rho^b \mu^c f(1, 1, 1)$, 无量纲化后是 $\dfrac{u}{d^a \rho^b \mu^c} = \pi = f(1, 1, 1)$, 方程两边的量纲必须符合量纲齐次性的要求。为此确定量纲幂次 a, b, c, 一个最简单的方法是根据方程两边的变量, 列出它们各自的量纲, 如下所示

$$\underbrace{[L^1 T^{-1}]}_{u} = \underbrace{[M^1 L^{-3}]}_{\rho}{}^a \underbrace{[M^1 L^{-1} T^{-1}]}_{\mu}{}^b \underbrace{[L^1]}_{d}{}^c \tag{6.4}$$

由此得出确定 a, b, c 的简单方程。

L: $1 = -3a - b + c$; M: $0 = a + b$; T: $-1 = -b$, 可得 $a = -1$, $b = 1$, $c = -1$。
将 a, b, c 的值代入 π 的方程

$$\frac{y}{\rho^a \mu^b d^c} = \frac{u}{\rho^a \mu^b d^c} = \pi = f(1,1,1), \quad \pi = \frac{\rho u d}{\mu} f(1,1,1)$$

这里 $f(1,1,1)$ 就是一个量纲为一的数,可以设为 1,由此可得 $\pi = \dfrac{\rho u d}{\mu} = Re$,
这就是量纲分析给出与 Reynolds 实验一样的结果。一般而言,π 定理可以减少
需要分析的变量数目,在寻找变量间的关系时,由于基本量纲只有三个,较多
的变量无法获得足够的代数方程以确定量纲的幂次。有时候,变量较多时,函数
$f(1,1,\cdots,1;\pi_1,\pi_2,\cdots,\pi_{n-k})$ 中包含未知的变量关系,也就是 $\pi_1,\pi_2,\cdots,\pi_{n-k}$ 还
需要进一步无量纲化。例如,π_1 由 $\pi_2,\cdots,\pi_{n-k}$ 表示,π_2 由 $\pi_3,\cdots,\pi_{n-k}$ 表示等。
考虑到量纲分析的重要性,下面再举一个复杂的实例加以说明。这个实例是确定圆
管中黏性流体流动的压力差,欲求的物理量自然就是压力差 Δp,它与所测两点的
距离 Δx,圆管内径 d,圆管壁面粗糙度的平均高度 h,平均流速 $\bar{u}$,流体的密度 ρ,
动力黏性 μ 有关,可以表示成七个变量的关系,即

$$f(\Delta p, \Delta x, d, h, \bar{u}, \rho, \mu) = 0 \tag{6.5}$$

或者更简单的则是直接将压差 Δp 表示成其余六个变量的关系,即

$$y = \Delta p = (\Delta x, d, h, \bar{u}, \rho, \mu) \tag{6.6}$$

它们的量纲如下

$$\underbrace{[ML^{-1}T^{-2}]}_{\Delta p} = \underbrace{[L^1]}_{\Delta x} \underbrace{[L^1]}_{d} \underbrace{[L^1]}_{h} \underbrace{[LT^{-1}]}_{\bar{u}} \underbrace{[M^1 L^{-3}]}_{\rho} \underbrace{[ML^{-1}T^{-1}]}_{\mu}$$

根据每一个变量的量纲,可以列出量纲矩阵表

	Δp	Δx	d	h	$\bar{u}$	ρ	μ
M	1	0	0	0	0	1	1
L	−1	1	1	1	1	−3	−1
T	−2	0	0	0	−1	0	−1

由这个矩阵表可以求得它的最大不为零的行列式的秩,显然前三行的行列式等于
0,即

$$\begin{vmatrix} 1 & 0 & 0 \\ -1 & 1 & 1 \\ -2 & 0 & 0 \end{vmatrix} = 0$$

后三行的行列式不为 0, 即

$$\begin{vmatrix} 0 & 1 & 1 \\ 1 & -3 & -1 \\ -1 & 0 & -1 \end{vmatrix} = -1$$

由此可得 $k = 3, n-k = 7-3 = 4$。因此，需要四个量纲为一的量 π_1, π_2, π_3 和 π_4。然后就是选择重复参数，它们必须能够张成一个 k 维的 M-L-T 的量纲空间。在流体力学的问题中，特征速度 u，特征长度 d 和密度 ρ 作为重复参数，在这个实例中，第一个量纲为一的量 $\pi_1 = \Delta p \bar{u}^a d^b \rho^c$，量纲关系为 $\underbrace{[ML^{-1}T^{-2}]}_{\Delta p} = \underbrace{[LT^{-1}]^a}_{\bar{u}} \underbrace{[L^1]^b}_{d} \underbrace{[M^1L^{-3}]^c}_{\rho}$，很容易得出 $a = -2$，$b = 0$，$c = -1$，这样就可以确定 $\pi_1 = \Delta p \bar{u}^a d^b \rho^c = \Delta p / \rho \bar{u}^2$。类似地，将 π_1 中的 Δp 分别用 Δx, h 和 μ 代替，可得 $\pi_2 = \Delta x/d$，$\pi_3 = h/d$ 和 $\pi_4 = \mu/\bar{u}d\rho$。最后，就可以得到圆管黏性流体两点压力差的无量纲关系式

$$\frac{\Delta p}{\rho \bar{u}^2} = \phi\left(\frac{\Delta x}{d}, \frac{h}{d}, \frac{\mu}{\rho \bar{u} d}\right) \text{ 或 } \Delta p = \rho \bar{u}^2 \phi\left(\frac{\Delta x}{d}, \frac{h}{d}, \frac{\mu}{\rho \bar{u} d}\right) \tag{6.7}$$

可见，量纲分析简化了问题中需要求解的未知变量的数目，但是，剩余的一部分变量的未知关系，则需要通过实验或理论分析与探索加以解决。

下面将介绍 H. Haken 创立的协同学中与减少变量有关的有参考意义的内容。协同学主要研究由大量子系统组成的宏观系统的相变和自组织行为，他借助 L. Landau 提出的序参量作为描述工具，同时又引入绝热消去法，加上慢变流形定理和中心流形定理，实现减少变量数目的目的。如图 6.1 所示，是一个无穷维动力系统，由于任何系统都有惯性、阻尼和响应时间，因此，输出变量可以分成快弛豫变量 (快变量) 和慢弛豫变量 (慢变量)。一个基本事实是，在临界点上，绝大多数变量受到大阻尼而迅速衰减，对系统的演变过程的性质不起主导作用，只有少数几个变量或只有一个变量出现临界无阻尼现象，从而支配其他快弛豫变量的运动，决定了系统演化的最终状态。换句话说，慢变量役使或驱动快变量，绝热消去法实质上就是用慢变量表示所有快变量，最后得到仅存慢变量的方程——序参量方程。这种处理方法不仅消去了大量自由度，使方程降维，易于求解，而且深刻反映了诸多子系统之间的协同合作效应，导致序参量的形成，而序参量又进一步支配各子系统的运动，形成了整体的有序和结构，这就是协同学勾画出的自组织现象。

如果系统对外部作用的响应是瞬时的，过程进行得很快，以至于来不及发生能量的交换，那么这种响应就是 "绝热" 过程。对于简单的因果系统，动力学方程可以表示成

$$\frac{dq}{dt} = -rq \tag{6.8}$$

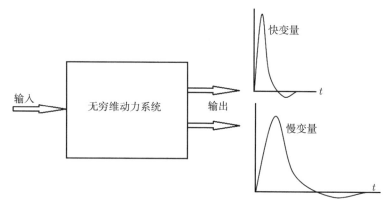

图 6.1 无穷维动力系统, 输入与输出的示意图[11]

式中, r 是阻尼常数。在施加外力 $F(t)$ 后, 可得更普遍的方程

$$\frac{\mathrm{d}q}{\mathrm{d}t} = -rq + F(t) \tag{6.9}$$

很容易求出系统的响应

$$q(t) = \int_0^t \mathrm{e}^{-r(1-\tau)} F(\tau) \mathrm{d}\tau \tag{6.10}$$

假设力是按指数方式衰减的, 即 $F(t) = a\mathrm{e}^{-\beta t}$, 由方程 (6.10) 可得

$$q(t) = \frac{a}{r - \beta} \left(\mathrm{e}^{-\beta t} - \mathrm{e}^{-rt} \right) \tag{6.11}$$

绝热消去法是什么意思呢? 就是指系统固有的时间常数 $t_0 = 1/r$ 必须远小于外界作用 $F(t)$ 的固有时间常数 $t' = 1/\beta$, 也就是说, $t_0 \ll t'$, 在这种情况下, $r \gg \beta$, 由式 (6.11) 可得 $q(t) \approx (a/r)\mathrm{e}^{-\beta t} = (1/r)F(t)$, 它也可以在原始动力学方程 (6.9) 中, 令 $\dfrac{\mathrm{d}q}{\mathrm{d}t} = 0$ 直接得出。可以看出, 这种绝热消去法是一种近似方法。推广到具有 n 个变量的复杂系统中去, 这时系统的动力学方程有如下形式

$$\begin{cases} \dfrac{\mathrm{d}q_1}{\mathrm{d}t} = -r_1 q_1 + g_1(q_1, \cdots, q_n) \\[2mm] \dfrac{\mathrm{d}q_2}{\mathrm{d}t} = -r_2 q_2 + g_2(q_1, \cdots, q_n) \\[2mm] \cdots\cdots \\[2mm] \dfrac{\mathrm{d}q_n}{\mathrm{d}t} = -r_n q_n + g_n(q_1, \cdots, q_n) \end{cases} \tag{6.12}$$

首先, 将 n 个变量按性质不同分成两组, 一组为快变量 q_i $(i = 1, 2, \cdots, m)$, 它具有小阻尼, 在系统演化中也可以变成不稳定的模 (对应于 $r \leqslant 0$); 另一组是慢

变量 q_s $(s = m+1, m+2, \cdots, n)$，是稳定模，而函数 g_i $(i = 1, 2, \cdots, n)$ 是变量 $q_1, q_2, \cdots, q_n$ 的非线性函数，在绝热近似中，既然阻尼 r_s 较大，那么可以令函数 $g_i(q_1, q_2, \cdots, q_n)$ 中的所有慢变量 $q_s = 0$，这样就可以极大地减少自由度。实际上，只要求解下面的 m 个方程即可

$$\frac{\mathrm{d}q_i}{\mathrm{d}t} = -r_i q_i + g_i\left(q_1, q_2, \cdots, q_m; q_{m+1}(q_1), q_{m+2}(q_2), \cdots, q_n(q_n)\right), \quad i = 1, 2, \cdots, m$$

(6.13)

既然所有的阻尼变量 (模) 以绝热方式跟随序参量，那么整个系统的演化行为便仅由很少几个序参量的行为决定，复杂的系统也就会显示出有序的行为和结构。系统在演化中，某些变量丧失稳定性与产生序参量保证役使原理的有效性之间存在着内部联系，方程 (6.13) 在相空间里的流形如果存在快流形和慢流形，那么系统最终会稳定地演化到慢流形上，也就是慢流形的轨迹上。一般而言，序参量方程不是包含涨落力的 Langqevin 方程，就是包含 Fokke-Planck 方程 (Kolmogorov 第一和第二方程)。当然，求解也并不容易。

上面介绍的协同学原理，是将无限维动力系统通过绝热消去方法和寻找序参量使之约化为有限维动力系统，试图阐明自组织过程，并且认为，有限维动力系统的性质可以代表无限维动力系统的性质。我们并不知道在时间演化和空间模式两方面，它们二者的差异究竟有多大。不过，这也不失为一种降低系统维度的方法，正如均匀各向同性湍流的图案能使二阶相关函数的九个分量与三阶相关函数的 18 个分量减少到两个分量，使得理论分析成为可能，从而使研究也有了长足的进展。那么，Reynolds 数是否也是湍流流动状态的一个序参量呢？

6.3　Kolmogorov 的学术思想—理论—结果

Kolmogorov 是一个熠熠生辉的名字，他在概率论、调和分析、信息论、拓扑学和动力系统等领域都做出了杰出的贡献，难能可贵的是他还亲自领导和编写中学数学教材，积极参与数学的教育工作和活动。

这里主要论述的是他在流体力学特别是湍流研究中的学术思想—理论—结果和贡献。Kolmogorov 在湍流研究方面的主要结果集中在 1941 年的两篇论文及 1942 年的一篇论文和 1962 年的一篇论文中，每篇论文都非常短，第一篇 3 页，其他三篇均为 4 页，全部发表在苏联科学院院刊上。被称为 K41 理论的论文发表正值第二次世界大战爆发，而 1942 年的论文发表时已经是严酷的战争年代。在 K41 的理论中，他提出了两点假设，为了更好地理解这个理论，首先以较为严格的方式给出其内容，然后给出物理上直观的结果，也就是文献中经常引用的论述。

Kolmogorov 的原文是在时-空四维情况下研究湍流的，现在稍微改变一下，即

在三维物理空间 (x) 和固定时间 (t) 的情形下，考虑湍流中区域 G 内的一组点 $\boldsymbol{x}_0, \boldsymbol{x}_1, \boldsymbol{x}_2, \cdots, \boldsymbol{x}_N$，定义 $\boldsymbol{y} \equiv \boldsymbol{x} - \boldsymbol{x}_0, \boldsymbol{u}(\boldsymbol{y}) \equiv \boldsymbol{U}(\boldsymbol{x}, t) - \boldsymbol{U}(\boldsymbol{x_0}, t)$，该理论的陈述如下：

（1）局地均匀的定义：湍流在域 G 内是均匀的，如果对于每一个给定的 N 和 n 个点 $y_n (n = 1, 2, \cdots, N)$，$N$ 点的速度差的概率密度函数（PDF）f_N 与 $\boldsymbol{x}_0, \boldsymbol{U}(\boldsymbol{x}_0, t)$ 是独立无关的；速度差是指：$\boldsymbol{u}(\boldsymbol{r}, \tau) = \boldsymbol{u}(\boldsymbol{x}_0 + \boldsymbol{r}, t_0 + \tau) - \boldsymbol{u}(\boldsymbol{x}_0, t_0)$。

（2）局地各向同性的定义：湍流在域 G 内是各向同性的，如果它是局部均匀的且速度差的概率密度函数 f_N 对于坐标轴的旋转和反射是不变的。

（3）局地各向同性的假设：Reynolds 数足够高的任何湍流，在充分逼近的意义下是局地各向同性的，如果域 G 充分小（即对于所有 n, $|y_n| \ll L$），而且远离流体的边界或其他奇点。

（4）第一相似性假设：对于局地各向同性湍流，N-点概率密度函数 f_N 由运动黏性系数 ν 和耗散率 ε 唯一确定。

（5）第二相似性假设：如果矢量 y_n 的模和它们的差 $(y_m - y_n)(m \neq n)$ 大于 Kolmogorov 尺度 l_0（或 η），则 N-点概率密度函数 f_N 仅由耗散率 ε 唯一确定，与运动黏性系数 ν 无关。

根据上述五点，很容易得知，Kolmogorov 理论中有一个重要概念，就是尺度问题。如果大涡的尺度或者平均场的特征尺度用 L 表示，它也称为积分尺度或外尺度；分子黏性起作用的尺度用 l_0（或 η）表示，也称为内尺度。上面提到的域 G 充分小，就是对尺度的限制：$l_0 \ll G \ll L$。其中，Reynolds 数足够高的任何湍流，就是指大涡、中涡、小涡均被激发的充分发展的湍流，也就是发达湍流。在这种情形下，决定流态的参量只有两个，即能量耗散率 ε 和运动黏性系数 ν。它们能够确定在这种情形下的运动细节，就是运动的长度、速度和时间的范围。我们用量纲分析来确定这三个参量

$$\underbrace{\mathrm{L}^1}_{\eta} = \underbrace{\left[\mathrm{L}^2\mathrm{T}^{-1}\right]}_{\nu}{}^a \underbrace{\left[\mathrm{L}^2\mathrm{T}^{-3}\right]}_{\varepsilon}{}^b; \quad 2a + 2b = 1, \quad -a - 3b = 0; \quad a = 3/4, \quad b = -1/4$$

由此可得

$$\underbrace{\mathrm{L}^1}_{l_0} = \underbrace{\left[\mathrm{L}^2\mathrm{T}^{-1}\right]}_{\nu}{}^a \underbrace{\left[\mathrm{L}^2\mathrm{T}^{-3}\right]}_{\varepsilon}{}^b = \underbrace{\left[\mathrm{L}^2\mathrm{T}^{-1}\right]}_{\nu}{}^{3/4} \underbrace{\left[\mathrm{L}^2\mathrm{T}^{-3}\right]}_{\varepsilon}{}^{-1/4}, \quad l_0 = \left(\nu^3/\varepsilon\right)^{1/4}$$

按照这里的量纲分析，很容易得出 $\tau = (\nu/\varepsilon)^{1/2}$ 和 $u = (\nu\varepsilon)^{1/4}$，而 l_0, u 和 τ 就称为 Kolmogorov 尺度。这些尺度有什么特点呢？我们用它们构成 Reynolds 数 $Re = \dfrac{l_0 u}{\nu} = (\nu\varepsilon)^{1/4}\left(\nu^3/\varepsilon\right)^{1/4}/\nu = 1$，说明在小尺度情形下，运动黏性系数 ν 占据支配地位，小涡主要通过黏性耗散从大尺度传递过来的能量 $\varepsilon \approx U^2/t = U^2/L/U = U^3/L$，将这个关系式代入 $l_0 = \left(\nu^3/\varepsilon\right)^{1/4}$，可得

$$l_0 = \left(\nu^3/\varepsilon\right)^{1/4} = \left(\nu^3/U^3/L\right)^{1/4} = \frac{L}{Re^{3/4}} \tag{6.14}$$

随着 Reynolds 数 Re 不断增大，内尺度 l_0 不断减小，直到分子黏性起作用，开始耗散能量。流态仅由耗散率 ε 唯一确定，与运动黏性系数 ν 无关，这就是 Kolmogorov 第二相似假设的意义。再一次运用量纲分析，由于需要确定的参量只有三个，我们可以直接给出量纲分析的关系式 $E(k) = C\varepsilon^a k^b$，其中 C 为比例系数，a 和 b 的确定也十分容易：

$$\underbrace{\left[\mathrm{L}^3\mathrm{T}^{-2}\right]}_{E(k)} = \underbrace{\left[\mathrm{L}^2\mathrm{T}^{-3}\right]}_{\varepsilon}{}^a \underbrace{\left[\mathrm{L}^{-1}\right]}_{k}{}^b, 2a - b = 3 \text{和} 3a = 2 \text{可得} a = 2/3, b = 2a - 3 = -5/3$$

将以上结果代入 $E(k) = C\varepsilon^a k^b$，即得 $E(k) = C\varepsilon^{2/3}k^{-5/3}$，这就是著名的 Kolmogorov 的能谱 $(-5/3)$ 幂律，当然，A. M. Obukhov 对此也做出了重要贡献。

其实，按照 Boltzmann 的熵最大原理，最均匀的分布对应着最混乱无序的状态，包含的信息量最少，这些小涡为了不受大涡和边界的影响，它们的空间分布自然要远离边界，趋于自由空间区域。然而，流体所在空间中，这样的区域自然是非常小的、局部的，而且作为开放系统，外部能量的供给对于流体的整体行为仍然有影响，并起作用。因此，局地均匀和各向同性湍流的空间分布如果把大涡包括在内，整体分布自然是不均匀的。

现在，按照尺度和能量的关系，可以把整个尺度 $(L \geqslant l \geqslant l_0)$ 分为三段：含能区 $(L \geqslant l)$；耗散区 $(l \leqslant l_0)$；还有处于含能区和耗散区之间的一个区域，即 $L \geqslant l \geqslant l_0$，称为惯性区。其中有一个惯性副区，就是 Kolmogorov 理论适用的尺度区间，如图 6.2 所示的能谱曲线与能量分布示意图，与图 5.5 的能谱曲线是一致的。

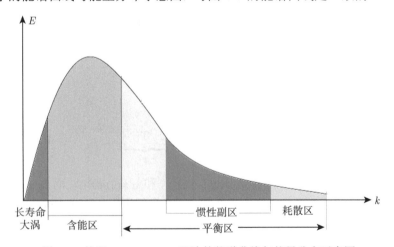

图 6.2　按照 Kolmogorov 理论的能谱曲线与能量分布示意图

在这个区间的速度记为 u_l，它仅与 ε 和 l 有关，按照量纲分析：

由 $\underbrace{[L^1T^{-1}]}_{u_l} = \underbrace{[L^2T^{-3}]}_{\varepsilon}{}^a \underbrace{[L^1]}_{l}{}^b$，可得 $2a + b = 1$，$-3a = -1$，$a = 1/3$，$b = 1 - 2a = 1/3$ 因此可得 $u_l = (\varepsilon l)^{1/3}$，或者 $u_l^2 = (\varepsilon l)^{2/3}$，这就是 Kolmogorov-Obkhove 定律，说明速度涨落与尺度的关系，也是 Kolmogorov 相似假设得出的主要结果。下面将要论述他提出的一种创新的概率统计方法，对于湍流研究意义重大，就是结构函数及其统计特性，它是 $u_l = (\varepsilon l)^{1/3}$ 关系的更详细的定量表征。

结构函数就是指二阶速度关联函数张量或速度相关函数张量，它是空间两点速度差的相关，定义如下

$$D_{ij}(\boldsymbol{r},\boldsymbol{x},t) \equiv \overline{([\boldsymbol{U}_i(\boldsymbol{x}+\boldsymbol{r},t) - \boldsymbol{U}_i(\boldsymbol{x},t)][U_i(\boldsymbol{x}+\boldsymbol{r},t) - \boldsymbol{U}_i(\boldsymbol{x},t)])} \tag{6.15}$$

用上面给出的位置 $\boldsymbol{y}$ 和速度差 $\boldsymbol{u}$ 来替换式 (6.12) 参量，改写上述定义为

$$D_{ij}(\boldsymbol{y}_2 - \boldsymbol{y}_1, \boldsymbol{x}_0 + \boldsymbol{y}_1, t) = \overline{([u_i(\boldsymbol{y}_2) - u_i(\boldsymbol{y}_1)][u_j(\boldsymbol{y}_2) - u_j(\boldsymbol{y}_1)])} \tag{6.16}$$

式中各个参量的几何关系和物理意义如图 6.3 所示。显然可见，$D_{ij}(r,t)$ 只与 $(\boldsymbol{y}_2 - \boldsymbol{y}_1)$ 有关，而与 $\boldsymbol{y}_1$ 和 $\boldsymbol{y}_2$ 无关，这一点很关键，速度差 $(\boldsymbol{y}_2 - \boldsymbol{y}_1)$ 消除除了尺度大于 r 的所有涡旋的影响，只计入尺度小于 r 的所有涡旋的贡献，这就保证了 $D_{ij}(r,t)$ 处于均匀各向同性湍流状态之中，而与 $\boldsymbol{x}$ 无关。当然，$D_{ij}(\boldsymbol{r},t)$ 和均匀各向同性湍流中的一般相关函数 $B_{ij}(\boldsymbol{r},t)$ 一样，也有如下的张量表示式

$$D_{ij}(\boldsymbol{r},t) = D_{NN}(r,t)\delta_{ij} + [D_{LL}(r,t) - D_{NN}(r,t)]\frac{r_i r_j}{r^2} \tag{6.17}$$

和

$$D_{LL}(r,t) = D_{LL}(r,t) + \frac{r}{2}\frac{\partial}{\partial r}D_{LL}(r,t) \tag{6.18}$$

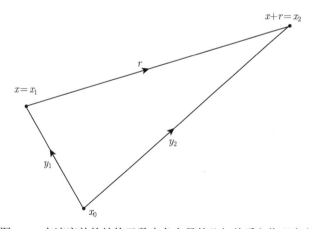

图 6.3 在速度差的结构函数中各参量的几何关系和物理意义

定义三阶速度结构函数 $D_{LLL}(r,t) = \overline{[u_1(\boldsymbol{x} + \boldsymbol{e}_1 r,t) - u_1(\boldsymbol{x},t)]^3}$, 其中 $\boldsymbol{e}_1 r$ 表示 $\boldsymbol{r}$ 沿着坐标轴 x 的横侧向分量 (与横向的区别是: 不一定处于直角坐标系三个彼此垂直平面中的任一平面内), 利用上述方程和由此得出的其他关系式, 就可以将 Karman-Howarth 方程用速度结构函数表示如下

$$\frac{\partial}{\partial t} D_{LL}(r,t) + \frac{1}{3r^4} \frac{\partial}{\partial r} \left[r^4 D_{LLL}(r,t) \right]$$
$$= \frac{2\nu}{r^4} \frac{\partial}{\partial r} \left[r^4 \frac{\partial D_{LL}(r,t)}{\partial r} \right] - \frac{4}{3}\varepsilon \tag{6.19}$$

用 r^4 乘上述方程再积分, 得到

$$\frac{3}{r^4} \int_0^r s^4 \frac{\partial}{\partial t} D_{LL}(s,t) \mathrm{d}s$$
$$= 6\nu \frac{\partial D_{LL}(r,t)}{\partial r} - D_{LLL}(r,t) - \frac{4}{5}\varepsilon r \tag{6.20}$$

Kolmogorov 在 1941 年的论文中指出, $D_{LL}(r,t)$ 作为时间的函数, 与湍流特征时间尺度 L/U 相当时, 才有显著变化。在局部均匀各向同性湍流流场中, 基本流动是定常的, 因此, 方程 (6.20) 左边远小于 ε, 可以忽略不计, 就得出 Kolmogorov 的 4/5 定律:

$$D_{LLL}(r,t) = 6\nu \frac{\partial D_{LL}(r,t)}{\partial r} - \frac{4}{5}\varepsilon r \tag{6.21}$$

无论 r 远大于 l_0 还是远小于 l_0, 这个方程都是成立的, 特别是 $r \gg l_0$ 时, 包含 ν 的黏性项很小, 也可以忽略, 这样就有

$$D_{LLL}(r,t) = -\frac{4}{5}\varepsilon r \tag{6.22}$$

现在, 我们可以根据 Kolmogorov 理论和结果给出湍流的尺度范围和维数, 以便对湍流的复杂性有一个初步认识。由式 (6.14) 可知 $L/l_0 = Re^{3/4}$, 由于湍流是三维的流动, 它的维数为 $(L/l_0)^3 = Re^{9/4}$。一般 Re 很高, 以大气湍流为例, $Re = 10^6 \sim 10^{10}$, 尺度范围是 10^{12}, 维数是 $10^{12} \sim 10^{20}$, 致使湍流的尺度范围很广, 维数很高, 可想而知, 它是多么复杂了!

6.4　关于分布函数特性的一个注释

湍流也可以看成平稳随机过程。湍流速度 u 是一个随机变量, 它的概率分布函数也是值得关注的问题。对于均匀各向同性湍流而言, 特别是在惯性副区, 处于小尺度范围, 由于子单元之间彼此相关, 使它失去了独立同分布的基本特性, 因而不会是正态分布。

正态分布反映的是大量独立单元的独立同分布的特性，其核心是 Gauss 概率密度函数，也就是 $f(u) = \dfrac{1}{\sqrt{2\pi}\sigma}\mathrm{e}^{-(u-\mu)^2/2\sigma}$，$\mu$ 是均值 $(\mu = \bar{u})$，σ 是方差，具有对称性，在变换域中均保持相同的指数形式，给分析带来极大的方便。

为了与正态分布比较，采用了两个比较参量，一是偏斜度 S，二是陡峭度 K(或者平滑度 F)，它们的定义分别如下所示

$$S(r) = \frac{D_{LLL}(r,t)}{D_{LL}(r,t)^{2/3}} \tag{6.23}$$

和

$$K(r) = \frac{\overline{u^4}}{\left(\overline{u^2}\right)^2} = \frac{\overline{u^4}}{\sigma^4} \tag{6.24}$$

对于非正概率态分布，这两个参数的物理意义如图 6.4 所示，在正态概率分布时，$S = 0$，$K = 3$。

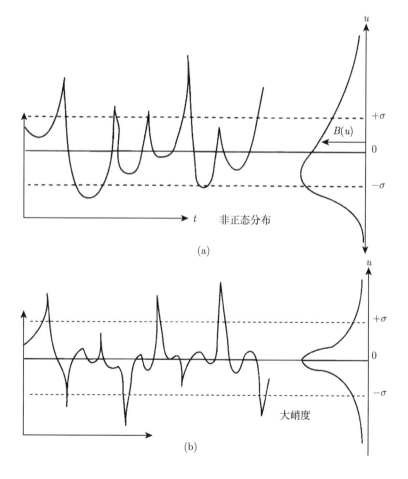

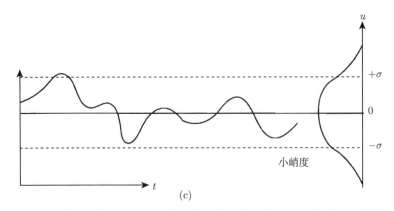

图 6.4　偏斜度 S 和陡峭度 K 的物理意义的示意图 (引自附录文献注释 [11])

现在来确定均匀各向同性湍流的这两个参数。Kolmogorov 在 K41 论文中给出的偏斜度 S 如下所示

$$S = \frac{D_{LLL}(r,t)}{D_{LL}(r,t)^{2/3}}$$

将式 (6.19) 代入，便可得到

$$D_{LL}(r,t) = \left(\frac{-4}{5S}\right)(\varepsilon r)^{2/3}$$

当 r 很大时，两点之间的关联很弱，速度的概率密度函数趋向于正态分布；但是，当 r 很小并且 $r \to 0$ 时，Monin 和 Yaglom 在 1975 年求出 $S \approx 0.4$，$K \approx 4$，这时，速度 $u(r)$ 的分布与速度梯度的分布是一样的，由于 $S(r) = \overline{(\partial u/\partial r)^3}(15\nu/\varepsilon)^{-3/2}$，很大的偏斜度 S 意味着能量的耗散是不均匀的，由式 (6.20) 很容易得出耗散率与速度梯度之间的关系式

$$\bar{\varepsilon} = 15\nu\overline{(\partial u/\partial x)^2} \tag{6.25}$$

能量的耗散不均匀也就意味着 ε 是很不均匀的，起伏很大，表现出间歇性。在大气湍流中，针对各种不同的 r 值，实测的湍流速度 $u(r)$ 的分布函数偏离正态函数的情况，如图 6.5 所示。可以看出，在图 6.5(d) 中，$r = 18$cm，速度的分布与正态分布已经十分接近。针对这里出现的情况，Kolmogorov 和 Obukhov 在 1962 年提出了他们的第三假设，来回答 Landau 的质疑。此外，与湍流的间歇性等有关的问题，将分别在后续的各讲中再作论述。

现在有一个问题，就是 Kolmogorov 和 Obukhov 在 K41 的论文中已经给出了惯性副区结构函数的偏斜度 S，很容易看出结构函数是非正态分布的，那为什么没有联想到在这个区域能量耗散会有起伏呢？最有可能的原因是，从式 (6.20) 得出式 (6.21) 的前提是偏斜度与尺度之间相互作用的结果是一个小量，对惯性副区的动力学过程没有影响, 因而 Landau 的质疑并不影响能量耗散的整体行为, 这也许就是在 20 多年的长时间内, 他们没有对该质疑作出响应的原因吧!

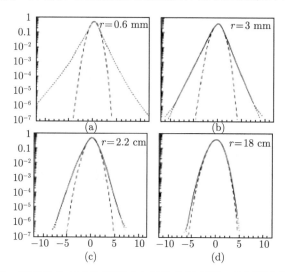

图 6.5 不同 r 值时的分布函数偏离正态函数的示意图 (引自附录文献注释 [14])

第 7 讲　实验发现——间歇性和拟序结构，非线性动力学方法

实验在湍流研究中起着重要作用，理论的验证和新现象的发现都离不开实验，而且，湍流研究本应是流体力学的一部分，对于流体力学来说，实验则是核心部分。总之，实验对于湍流研究非常重要，然而，进行高质量的实验极其困难，如果想对湍流从整体和局部都有可靠、完整而精细的描述，必须充实和加强实验观测。本讲主要有四个与实验密切相关的内容，这就是：① 转捩——分岔理论；② 间歇性——分形理论；③ 拟序结构——自组织理论；④ 湍流的随机性——混沌理论。本讲简要地介绍非线性动力学对这几个问题的分析方法，显示结构学派、统计学派和非线性动力学派研究风格的不同。

7.1　转捩——分岔理论

由规则的层流转变为紊乱的湍流，这个过程称为转捩。注意这里特别强调转变的过程，现在实验已经能比较清楚地确定这个过程包括六个部分，以边界层中的层流为例，这六个过程是：① 来流 U 是稳定的层流；② 不稳定的 T-S (Tollmien-Schlichting) 波；③ 三维波的形成；④ 涡旋破裂；⑤ 湍流斑形成；⑥湍流，如图 7.1 所示。其实，非线性系统的一个共性就是阈值效应，当 Reynolds 数 Re 低于临界值 Re_{cr} 时，流动处于阈值之内，因此层流占主导地位；当 Re 增加超过临界值 Re_{cr} 时，流动已经处于阈值效应之上，因此表现出湍流特性。实际上，Re_{cr} 就是非线性阈值的定量描述，从层流到湍流的转捩并不是一个突变，而是需要一个过渡过程，这是很自然的情形，在非线性系统中屡见不鲜。按照结构学派的观点，转捩是一个稳定性问题，也就是在来流 $U_0(y)$ 上施加一个小扰动 $e^{i(kx-\omega t)}$，解析地考察扰动随时间的变化过程 (如图 7.2 所示)，随时间增长的情况属于不稳定，层流向湍流转变是可能的；反之，则为稳定。针对这里的边界层流态，N-S 方程简化为扰动速度分量 u_1', u_2' 和扰动压力 p' 的二维方程，注意到基本流动项满足 N-S 方程，因而有 $\dfrac{1}{\rho}\dfrac{\partial P_0}{\partial x} = \nu\dfrac{\mathrm{d}^2 U_0}{\mathrm{d}y^2}$ 和 $\dfrac{1}{\rho}\dfrac{\partial P_0}{\partial y} = 0$，小扰动的 N-S 方程进一步简化如下

$$\begin{cases} \dfrac{\partial u_1'}{\partial t} + U_0 \dfrac{\partial u_1'}{\partial x} + u_2' \dfrac{\mathrm{d}U_0}{\mathrm{d}y} + \dfrac{1}{\rho}\dfrac{\partial p'}{\partial x} = \nu \Delta u_1' \\[3mm] \dfrac{\partial u_2'}{\partial t} + U_0 \dfrac{\partial u_2'}{\partial x} + \dfrac{1}{\rho}\dfrac{\partial p'}{\partial y} = \nu \Delta u_2' \\[3mm] \dfrac{\partial u_1'}{\partial x} + \dfrac{\partial u_2'}{\partial y} = 0 \end{cases} \tag{7.1}$$

边界条件是在壁面处和无穷远处 u_1' 和 u_2' 为零，消去压力 p'，再设扰动分量有如下指数形式

$$u_1'(x, y, t) = \tilde{u}_1(y)\exp(\mathrm{i}kx - \mathrm{i}\omega t) \text{ 和 } u_2'(x, y, t) = \tilde{u}_2(y)\exp(\mathrm{i}kx - \mathrm{i}\omega t)$$

其中，k 为波数，ω 为角频率，就可以得出判别边界层二维剪切流稳定性的 Orr-Sommerfeld 方程

$$(kU_0 - \omega)\dfrac{\mathrm{d}^2 \tilde{u}_2}{\mathrm{d}y^2} + k\left(k\omega - k^2 U_0 - \dfrac{\mathrm{d}^2 U_0}{\mathrm{d}y^2}\right)\tilde{u}_2 + \dfrac{\mathrm{i}}{Re}\left(\dfrac{\mathrm{d}^4 \tilde{u}_2}{\mathrm{d}y^4} - 2k^2\dfrac{\mathrm{d}^2 \tilde{u}_2}{\mathrm{d}y^2} + k^4 \tilde{u}_2\right) = 0 \tag{7.2}$$

在 k-Re 的平面上，$\omega_i = 0$ 为临界曲线，$\omega_i > 0$ 是不稳定区域，$\omega_i < 0$ 是稳定区域，k 随 Re 变化的稳定性曲线如图 7.3 所示，k_{cr} 和 Re_{cr} 为临界值 (精确数值计算的结果是 Re_{cr}=5772，相当于第一个分岔点)，这里 $Re = U_{\max}(h/2)/\nu$，$(h/2)$ 表示平行板之间距离的一半。在 20 世纪之初，也就是 1908 年，Orr 和 Sommerfeld 已经得出上述方程。那时，如此复杂的四阶常微分方程的求解是非常困难的，包括 Heisenberg，Tollmien，Schlichting 等著名科学家在内的许多研究者，致力于研究求解这个方程，解析解直到 20 世纪 40 年代才得以实现。经风洞实验验证，其后林家翘等相继开展了大量研究工作，使其特征值的计算最终得以完成，严格的稳定性理论初步建立。

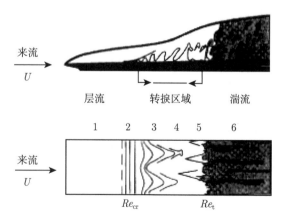

图 7.1 沿流向的平板边界层中层流到湍流的转捩过程

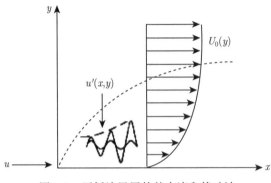

图 7.2   平板边界层的基本流和扰动波

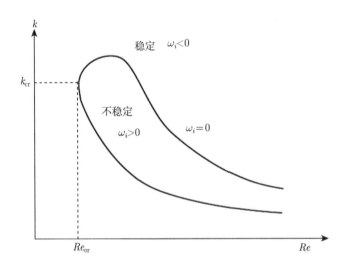

图 7.3   在 $k\text{-}Re$ 的参数平面上，k 随 Re 变化的稳定性曲线

$\omega_i = 0$ 为临界区域，$\omega_i > 0$ 为不稳定区域，$\omega_i < 0$ 为稳定区域

现在，通过数值计算求解这个方程已经不是困难的事。上面是二维边界层剪切流的稳定性问题，其实，层流的二维流动比三维情况更容易失稳，由 Orr-Sommerfeld 方程的二维扰动解可以推断三维扰动的稳定性问题，因此，研究二维扰动的稳定性问题就可以了。我们在此并不是要研究流动的稳定性问题，而是要与非线性动力学方法进行比较。当然，这里讨论的是稳定性的线性理论和观点。对于比平行流动更复杂一些的流动，一是方程的解析求解十分困难，特别是流态随时间演化的过程，更是难于显式分析；二是有些稳定性也很复杂，黏性的作用表现出抑制扰动和加强扰动的二重性，稳定与不稳定交替出现，线性理论已经无能为力，特别是无法预计不稳定向何处去的问题。

回过头来，我们就上面提出的从层流向湍流转捩的问题，看一看非线性动力学的处理方法和风格。1944 年，Landau 在 "论湍流" 一文中，研究高 Reynolds 数时由于定常流不稳定而形成非定常流的问题。Landau 认为，由层流到湍流的转捩过程是一系列不稳定状态的逐次递进过程，也就是不断的分岔过程。随着 Reynolds 数 Re 的增大，当 $Re > Re_{cr}$ 时，首先出现频率为 ω_1 的周期解 (图 7.4)，接着出现频率为 ω_2 的周期解，分岔如此继续，不断出现新频率：$\omega_1, \omega_2, \cdots, \omega_n$，彼此不可公约，相互叠加而成为拟周期流动，最终导致湍流，这就是从层流到湍流转捩的分岔模式。这是分岔理论创立之前，采用分岔概念处理湍流问题的一次尝试。

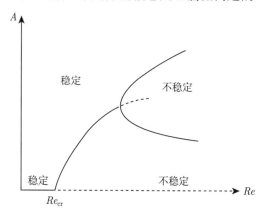

图 7.4　分岔过程示意图

分岔反映了流体状态的不稳定性，何时分岔，分岔向何方，是需要研究和回答的关键问题。这可以通过 Landau 方程的分析获得初步结果。Landau 认为，实际流态不稳定之后出现饱和现象，是非线性的影响所致，应当在扰动幅值随时间增长的公式中体现出来。为此，设扰动的形式为 $A = A_0 e^{\lambda t} = A_0 e^{\sigma + i\omega t}$，其中 $\sigma = \alpha(Re - Re_{cr})$ 是线性稳定性理论确定的增长率，也就是在临界 Reynolds 数附近作 Taylor 级数展开的第一项。这样设置 σ，是由于 N-S 系统的性态与 Re 是 $\leqslant Re_{cr}$ 还是 $\geqslant Re_{cr}$ 有关。为了观察扰动随时间的变化，对 A 求导，可得 $\dfrac{\mathrm{d}|A|}{\mathrm{d}t} = \sigma|A|$，将幅值 A 作 Taylor 级数展开，取前两项，可得如下方程

$$\frac{\mathrm{d}|A|}{\mathrm{d}t} = \sigma|A| - \frac{l}{2}|A|^3 + \cdots \tag{7.3}$$

式中，l 是 Landau 常数。方程右边可以根据需要增加高阶项，但是，只能包含 A 的奇次项，意味着只是相位改变一个 π 值，方程不变；如果包含 A 的偶次项，A 取正值或取负值，将使奇、偶次项的结果不一样。将方程 (7.3) 两边乘以 A，得到 Landau 方程

$$\frac{\mathrm{d}|A|^2}{\mathrm{d}t} = 2\sigma|A|^2 - l|A|^4 + \cdots \tag{7.4}$$

方程两边再除以 $|A|^4$，有如下形式

$$-\frac{\mathrm{d}|A|^{-2}}{\mathrm{d}t} = 2\sigma|A|^{-2} - l + \cdots \tag{7.5}$$

这个线性常微分方程的显式解很容易求出

$$|A|^{-2} = \frac{l}{2\sigma} + \left(A_0^{-2} - \frac{1}{2\sigma}\right)\mathrm{e}^{-2\sigma t} \tag{7.6}$$

因而有

$$|A|^2 = \frac{A_0^2}{\dfrac{l}{2\sigma}A_0^2 + \left(1 - \dfrac{l}{2\sigma}A_0^2\right)\mathrm{e}^{-2\sigma t}}, \quad \sigma \neq 0 \tag{7.7}$$

这个解的性质主要由 Landau 常数 l 是正或负决定，下面分四种情形分析。

(1) $l > 0$, $\sigma < 0$ ($Re - Re_{\mathrm{cr}} < 0$)：

当 $t \to \infty$ 时，有 $\mathrm{e}^{-2\sigma t} \to \infty$，$|A| \to 0$，系统是稳定的，由于 $0 < Re - Re_{\mathrm{cr}}$，因此称为基本流的 Re 亚临界稳定性。

(2) $l > 0$, $\sigma > 0$ ($Re - Re_{\mathrm{cr}} \geqslant 0$)：

当 $t \to \infty$ 时，有 $|A| \to \sqrt{\sigma/l} = \sqrt{\alpha(Re - Re_{\mathrm{cr}})/l}$，在 $Re - Re_{\mathrm{cr}} = 0$ 时，系统是临界稳定的；在 $Re - Re_{\mathrm{cr}} > 0$，当系统在越过 Re_{cr} 时，经历了一次分岔 (图7.5)，向着稳定的方向发展，基本流从一种稳定状态发展到另一种稳定状态，称为 Re 超临界稳定性。分岔相应地称为超临界分岔，随着 Re 的继续增加，系统会沿着图 7.5 所示分岔的稳定方向发展，经历后续新的稳定分岔，也就是基本流在稳定的层流状态递进。

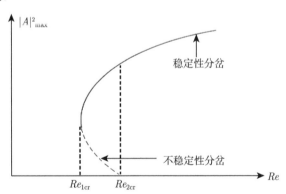

图 7.5 　Re 亚临界不稳定性分岔情形

(3) $l < 0$, $\sigma < 0$ ($Re - Re_{\mathrm{cr}} < 0$)：存在两种情形，分别讨论如下。

情形一，令式 (7.7) 的分母等于 0，易得如下关系：$t = \dfrac{-1}{2\sigma}\ln\dfrac{A_0^2}{A_0^2 - 2\sigma/l}$，首先

确定时间 t 的符号, 当 $A_0^2 - 2\sigma/l > 0$ 时, $\ln \dfrac{A_0^2}{A_0^2 - 2\sigma/l} > 0$, 由于 $\sigma < 0$, 因此时间 t 为正号, 当 $t \to \infty$ 时, $\left(1 - \dfrac{l}{2\sigma} A_0^2\right) \mathrm{e}^{-2\sigma t} \to \infty$, 从式 (7.7) 可知, $|A|^2 \to 0$, 系统是稳定的。

情形二, 当 $A_0^2 - 2\sigma/l < 0$ 时, $\ln \dfrac{A_0^2}{A_0^2 - 2\sigma/l} < 0$, 由于 $\sigma < 0$, 使得时间 t 为负号; 当 $t \to \dfrac{-1}{2\sigma} \ln \dfrac{A_0^2}{A_0^2 - 2\sigma/l}$ 时, $|A|^2 \to \infty$, 系统不稳定。如果将 $(2\sigma/l)$ 作为阈值, $A_0^2 > (2\sigma/l)$, 对应于亚临界状态, 系统基本流在小扰动下是稳定的; 反之, 当 $A_0^2 < (2\sigma/l)$ 时, 系统对于初始扰动是不稳定的, 把这种情形称为 Re 亚临界不稳定性, 分岔情形如图 7.5 所示。

(4) $l < 0$, $\sigma > 0$ $(Re - Re_{\mathrm{cr}} > 0)$:

在情形一中, 已经求得 $t = \dfrac{-1}{2\sigma} \ln \dfrac{A_0^2}{A_0^2 - 2\sigma/l}$, 当 $t \to \dfrac{-1}{2\sigma} \ln \dfrac{A_0^2}{A_0^2 - 2\sigma/l}$ 时, $|A|^2 \to \infty$, 系统不稳定。但是, $|A|^2 \to \infty$ 无论是物理上还是实际上都是不可能的, 说明方程 (7.3) 需要增加高阶项, 如 $\beta |A|^5$; 对于方程 (7.4) 而言, 则是 $\beta |A|^6 (\beta > 0)$, 用于平衡扰动幅值 $|A|$ 的增长。以方程 (7.4) 为例, 这时方程有如下形式

$$\frac{\mathrm{d}|A|^2}{\mathrm{d}t} = 2\sigma |A|^2 - l |A|^4 - \beta |A|^6 \tag{7.8}$$

扰动幅度是 $|A|^2 = \dfrac{l}{2\beta} \pm \left(\dfrac{l^2}{4\beta^2} + \dfrac{2l}{\beta} \sigma\right)^{1/2}$, 分岔如图 7.5 所示。在区间 $Re_{1\mathrm{cr}} < Re < Re_{2\mathrm{cr}}$, 基本流处于亚稳定状态, Re 增大时, 向右上方的分岔 (实线) 是稳定的, 向右下方的分岔 (虚线) 是不稳定的。20 世纪 70 年代利用激光多普勒测速技术确定, 湍流转捩并不需要多次分岔, 有限的几次即可实现转捩过程, 况且, 湍流能谱是连续的宽谱, 而不是线谱, 这就说明 Landau 的湍流转捩和形成机制与实际流体中的情况不完全符合, 还需要进行深入探讨。

我们通过对层流稳定性的线性小扰动分析了系统的稳定性, 系统对于小扰动的响应就是 Orr-Sommerfeld 方程, 这是结构学派的特点; 又通过非线性动力学中的分岔方法分析了层流向湍流转捩的各种情形, 显示了系统的各种分岔的特性。但是, 并没有系统响应的解析表达式, 而是定性的至多是半定量的方法, 两者分析问题的方法和处理问题的风格还是有非常明显的区别的。湍流统计理论不涉及稳定性问题, 因此, 如果线性稳定性分析与非线性动力学方法结合起来, 就会获得更加全面而清晰的稳定性图形模式, 从而加深对湍流转捩机制的了解。

7.2　间歇性——分形理论

1949 年，G. K. Batchelor 和 A. A. Townsend 在实验风洞格栅后面工作区的均匀各向同性湍流中发现了他们称之为间歇性的现象，就是在空间上，湍流与非湍流交替分布，或者在时间上，湍流以阵发的方式出现。Batchelor 当时虽然并未像现在这样深刻认识该现象的重要性，但是，仍然将此现象写入他的名著 "*The Theory of Homogeneous Turbulence*" 中。

其实，有些湍流出现在一定区域 (如高剪切区)，湍流射流和尾流通常被非湍流流场包围着，排放到大气中的烟羽也有分明的边界，如此等等，湍流与非湍流界限虽然复杂，但是分明可见。由于流体的黏性作用，湍流流动会将周边的层流吸引到湍流区，使湍流区扩大，这是挟带现象，本讲不涉及这类间歇性 (就是外间歇性)。在流场的一个固定点进行测量，可以准确地测出湍流出现的时段 (出现脉动涡量的时间) 和整个测量时间，二者之比就是湍流 (内间歇性) 的间歇因子，用 γ 表示。前面提到，可以用陡峭度 K 来衡量概率密度函数偏离正态函数的程度，同样，陡峭度 K 也可以用来衡量间歇性。这时，以正态概率密度函数的陡峭度 $K_{\text{normal}} = 3$ 为标准，由此有 $\gamma = K_{\text{normal}}/K = 3/K$，正态分布时，$K = 3$，$\gamma = 1$，表示无间歇性，其他情形，$\gamma < 1$，这和用时间度量是一致的。

湍流以阵发方式出现的实测结果如图 7.6 所示。其中，图 7.6(a) 是在实验室边界层中获得的，Reynolds 数大小适中；图 7.6(b) 是在大气近地面层和高 Reynolds 数的情形下测得的。图 7.7 是一个实测信号经过高通滤波后的结果，滤波器的截止频率要足够高，使得滤波处理后的信号所包含的尺度比 Kolmogorov 耗散尺度 l_0 更小，才能显示猝发式的间歇性特性。本节所关注的间歇性，是与湍流能量耗散有关的问题，也就是处于惯性副区的小涡的能量耗散性态。Kolmogorov 在提出他的相似性假设时，认为能量耗散率 ε 的统计平均 $\langle\varepsilon\rangle$ 是一个常量，由此得出能谱的 $(-5/3)$ 幂律：$E(k) = C\varepsilon^{2/3}k^{-5/3}$，同时也得出偏斜度 $S(r)$ 与尺度无关，是一个常数的结论，这个结论很容易通过 Kolmogorov-Obukhov 的 $(2/3)$ 定律得出，在 $u_r^2 = C_k(\varepsilon r)^{2/3}$ 中，尺度 l 用 r 替换，代入式 (6.20) 可得

$$
\begin{aligned}
S(r) &= \frac{D_{LLL}(r,t)}{D_{LL}(r,t)^{3/2}} = \frac{D_{LLL}(r,t)}{(u_r^2)^{3/2}} \\
&= \frac{D_{LLL}(r,t)}{\left[C_k(\varepsilon r)^{2/3}\right]^{3/2}} = \frac{D_{LLL}(r,t)}{C_k\varepsilon r}
\end{aligned}
\tag{7.9}
$$

再由 $D_{LLL}(r,t) = -\dfrac{4}{5}\varepsilon r$ (式 (6.19))，就可得出如下结果

$$S(r) = \frac{D_{LLL}(r,t)}{C_k^{3/2} \varepsilon r} = -\frac{4}{5} \frac{\varepsilon r}{C_k^{3/2} \varepsilon r} = -\frac{4}{5} \frac{1}{C_k^{3/2}} = -\frac{4}{5} C_k^{-3/2} \tag{7.10}$$

可见，偏斜度 $S(r)$ 与尺度无关，这也是 Kolmogorov 的 K41 理论中的一个推论。这里需要指出的是，由于速度差 $u_l(r) = u_l(x+r) - u_l(x)$ 的均值 $\overline{u_l(r)} = 0$，在统计意义上，出现正负值的可能性基本上是均等的，偏斜度 $S(r)$ 为负值，这就意味着出现负值也是可能的，只是并不常见，而绝对幅值可能更大。那么，在流场的某一点 x 进行湍流测量时，按照 Taylor 的湍流 "冻结" 假设，流场速度迅速增加的短时段测量与流速逐渐增加的长时段测量应当相互结合起来应用。

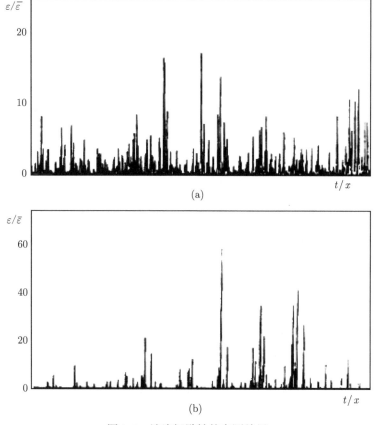

图 7.6 湍流间歇性的实测结果

(a) 是在实验室边界层中获得的，Reynolds 数中等大小；(b) 在大气近地面层和高 Reynolds 数的情形下测得的 [29]

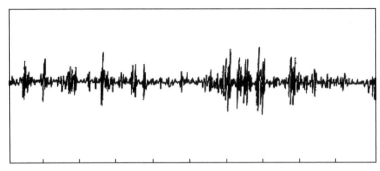

图 7.7　一个实测信号经过高通滤波后的结果，显示了猝发特性 [29]

上面提到的问题就是偏斜度 $S(r)$ 和耗散率 $\bar{\varepsilon}$ 都是常量，前者是从随机过程的概率分布的角度表明速度差的分布偏离正态分布；后者从能量耗散的角度表明在惯性副区，小涡的能量耗散是均匀的。显然，这二者相互矛盾。因为偏离正态的分布表示流场中湍流出现间歇性。可是，耗散率 $\bar{\varepsilon}$ 是常量，则意味着在均匀各向同性湍流中能量耗散率不变，说明 $E(k) = C\varepsilon^{2/3}k^{-5/3}$ 在惯性副区具有普适性。然而，湍流在时间上和空间上表现出间歇性，说明能量耗散率不是常量，有起伏变化，是造成 Kolmogorov 的 $(-5/3)$ 幂率在高阶矩时或者高波数时偏离实测结果的原因，由此对它的普适性产生了疑问。

既然湍流无处不在，那么就湍流间歇性而言，能否举出一个实际例子呢？当然可以。下面就是生活中经常遇到的一个通俗实例，它具有启发性：一锅浓稠的粥，如果继续加热，会出现什么情况？由于锅和浓粥上下左右受热不均匀，就会在粥的表面不同的地方、不同的时间、以不同的强度冒出汽包，它具备了空间不均匀，时间不确定，强度不一致的阵发效果，这就是和湍流间歇性可以比拟的一个实例。

湍流间歇性的发现，虽然具有重要意义，但是也被 20 世纪 70、80 年代兴起的非线性动力学的学者们放大了。分形理论、混沌理论、耗散结构和小波分析方法的出现，曾经使物理学界对湍流的研究产生新的希望，有过一段研究高潮出现。在混沌研究盛行的时期，有人觉得条条道路通湍流，之后直到现在，已经回归到平稳的、扎实的探讨阶段。针对湍流的间歇性，下面将用分形方法对 Kolmogorov 的 $(-5/3)$ 幂率进行分析，并介绍分形的 β 模型，主要目的仍然是展示统计方法与分形方法的对比。提到湍流的间歇性，还有更多的相关内容，特别是 Kolmogorov 的第三相似假设、Landau 的质疑和标度律等，分别安排在第 8 讲和第 9 讲中论述。

在分形方法刚刚兴起之时，似乎有无处不分形的倾向。其实，分形方法有两个在统计意义上的特点，一是层次结构，二是自相似性，其核心思想是多尺度分析。在科学和自然界中，严格意义的分形是很少见的，一般都是指统计意义上的分形，它是一种处理图形、分析细节的方法，而不是一种严格的理论。

我们注意到, 在 1941 年的论文中, Kolmogorov 和 Obukhov 没有引述 Richardson 的能量级串思想, 他们的结果是从量纲分析直接得出的, 也的确看不出这些结果与 Richardson 能量级串思想的直接联系。不过, 在 1962 年的论文中, 他们提到了 K41 的假设与 Richardson 的如下思想是相关的: 在湍流的所有可能的尺度中都存在涡旋。这是什么意思呢? 直观地说, K41 论理的物理学的基础就是小涡充满惯性副区的空间, 如图 7.8 所示, 图中 l_0 是 Kolmogorov 尺度。从图 7.8 可见, 大涡破裂成小涡的过程是按 r, r^2, r^3, $\cdots$, r^N 的方式进行的, 也就是涡的数量按 1, 2, 4, 8, $\cdots$ 的方式递增; 而涡的体积, 为简单起见, 就按立方体估计, 即按照 1/2, 1/4, 1/8, $\cdots$ 的方式递减。在 Euclid 空间, 立方体的体积是它的线尺度的立方, 即 $V_l = (l/2^n)^D = (l/2^n)^3$, 指数 $D = 3$。如果小涡的数量不充满空间, 那么它的体积就不能按 $V_l = (l/2^n)^D = (l/2^n)^3$ 计算, 体积的维数当然比面积的维数大, 因此, 维数的估计值应满足关系: $2 < D < 3$, 这就是分形方法的思路。如果用 μ 表示分形方法的指数, 也就是分形的维数, 那么涡的体积的计算公式就是 $V_l = (l/2^n)^\mu$。

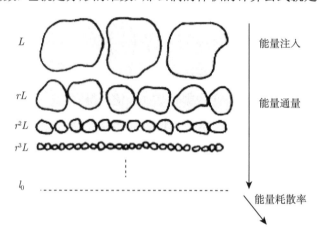

图 7.8 Richardson-Kolmogorov-Obukchov 能量级串图案示意图

在小涡充满空间时, D 和 μ 的关系按如下公式确定

$$\left(\frac{l}{(l/2)^n}\right)^D = \left(\frac{l}{(l/2)^n}\right)^\mu \tag{7.11}$$

两边作对数运算: $D(\ln l - n \ln 2) = \mu(\ln l - n \ln 2)$, 可得 D 和 μ 的如下公式

$$\mu = D\frac{\ln l - n \ln 2}{\ln l - n \ln 2} = 3 \tag{7.12}$$

可见二者是一样的, 当小涡不充满空间时, $\mu \neq D$, 那么, 这时如何确定 μ 之值呢? 为了回答这个问题, 可以换一种说法, 在小涡不充满空间时, 它占据的空间 (l^3) 与

尺度为 L 的大涡占据的空间 (L^μ) 的比值，就是尺度为 l 的小涡占据空间多少的概率 p_l。令 $\beta = l/L = r^n$，则有 $n\ln r = \ln \beta$，$n = \ln\beta/\ln r$，由此可得如下关系式

$$p_l = \beta^n = \beta^{\frac{\ln l/L}{\ln r}} = \left(\frac{l}{L}\right)^{3-\mu} \tag{7.13}$$

式中，μ 就是分形维数 (也可以用 D_F 表示)。这里需要特别解释的是指数 $(3 - \mu)$，小涡充满空间时，指数是 3，现在小涡不充满空间，那么指数就不再是 3，应该小于 3，也就是从维数 3 中扣除未被占满的空间对维数的贡献，这一部分维数用 μ 表示，它到底是多少呢？由分形方法可以给出答案。注意到尺度为 l 的涡的单位质量的能量 E_l 的份额，可以表示为

$$E_l \sim u_l^2 p_l = u_l^2 \left(\frac{l}{L}\right)^{3-\mu} \tag{7.14}$$

将尺度 l 和时间 $t_l = l/u_l$ 之值代入上式，可得能量通量 $E_q = E_l/t_l$ 的表示式，即

$$E_q = E_l/t_l \sim \frac{u_l^3}{l}\left(\frac{l}{L}\right)^{3-\mu} \tag{7.15}$$

我们知道 $\varepsilon \sim u_l^3/l$，也就是说，有关系式 $E_q \sim \varepsilon \sim u_0^3/L$，这是第 6 讲中介绍的 Kolmogorov K41 理论的结果，再根据式 (7.15) 便可得

$$\frac{u_L^3}{L} \sim \frac{u_l^3}{l}\left(\frac{l}{L}\right)^{3-\mu} \tag{7.16}$$

如此一来，尺度为 l 的速度场 u_l 就可以由如下公式表示

$$u_l \sim u_L\left(\frac{l}{L}\right)^{\frac{1}{3}-\frac{3-\mu}{3}} = u_L\left(\frac{l}{L}\right)^h \tag{7.17}$$

式中，$h = \dfrac{1}{3} - \dfrac{3-\mu}{3}$，就是分形方法确定的湍流场能量和速度的分形指数，它增加了一个修正项，就是 $\left(-\dfrac{3-\mu}{3}\right)$。当分形维 $\mu = 3$ 时，这一项为零，就是 Kolmogorov K41 的结果；当 $\mu \neq 3$ 时，K41 的主要结果，即 Kolmogorov 的 $(-5/3)$ 幂率 $E(k) = C\varepsilon^{2/3}k^{-5/3}$，需要用这个指数 h 进行修正，修正后的表示式就是：$E(k) \sim C_k \mathrm{e}^{2/3}k^{-5/3-(3-\mu)/3}$。与此有关的其他问题放在第 8 讲和第 9 讲中详细讨论。

到此就可以看出，β-模型的出发点就是扣除未被小涡占满的那一部分空间对维数的贡献。图 7.9 是这种分形模型的原理示意图：在涡的逐级破裂和能量传递过程中，小涡在空间上越来越稀疏，也就是小涡未充满空间，表现出间歇性，这就是由 U. Frisch 提出的 β-分形模型。他解释说，在空间中，有些小涡没有激活，但大部分

小涡处于激活状态,虽然这是比喻,但是小涡未充满空间究竟和小涡未被激活是不一样的。如果小涡充满空间,那为什么未被全部激活,能量向小涡传递还有选择性吗?被激活是等概率事件,而间歇性已经表明,小涡在空间的分布是不均匀的,也就是未充满空间,而不是未被激活。经过分形方法得出的 β-模型与 K41 系列模型的比较如图 7.10 所示,效果并不明显,看起来,原因可能不止小涡未充满空间而形成间歇性这一点,到底还有哪些值得考虑的因素,也是一个需要探讨的问题。

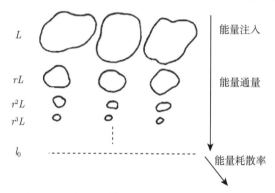

图 7.9　分形 β-模型的能量级串图案示意图

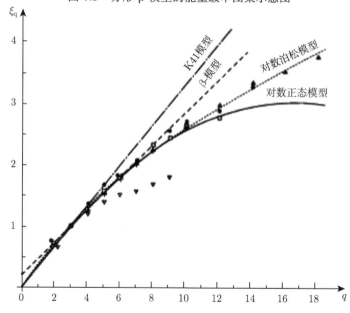

图 7.10　β-模型和 K41 系列模型实测结果的比较 [48]

7.3　拟序结构——自组织理论

1967 年，S. J. Cline 及其研究团队采用氢气泡显示方法，在湍流边界层的实验中发现了一些条带状的流动模态，以及紧随其后在近壁区出现的猝发现象，中文文献中称之为拟序结构或相干结构。前者侧重于流态中形成的一定的有序形态，类似于但不是严格意义上的结构，可以与通常意义上的结构相比拟；后者着眼于流场中特征量与自身以及与其他物理量之间的相互作用，本书采用拟序结构这个已经比较通用的名称。Cline 等的实验发现表明，湍流除了随机流动状态之外，还有有序的流动形态，因而改变了人们单纯地认为湍流是紊乱的随机运动的看法。实验中的边界层流动与坐标系注释如图 7.11 所示，实验结果的条带状流动模态图片如图 7.12 所示。在他们的实验发现之后，不同的研究组采用流动显示、条件采样和图像识别等方法，又进行了类似的验证实验和新的实验，对实验发现的拟序结构有了比较深入的认识，通过图 7.13 作了概括而形象的说明，确定了一些共同特性，主要有以下几点。

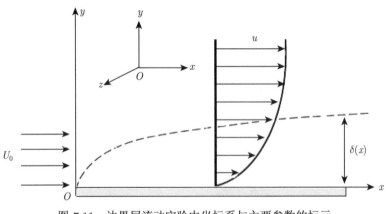

图 7.11　边界层流动实验中坐标系与主要参数的标示

(1) 条带结构：顺着流向 (图片中是由上向下) 的高速带和低速带相间的条带状流动图案。

(2) 上抛和下扫：低速流体离开壁面，突发式地向上喷出；高速流体向壁面俯冲清扫。

(3) 不同形式的涡结构。

(4) U 形涡：垂直于流向的横向涡旋向下游流动时，由于边界层厚度增加，涡旋顺流向倾斜上抬，由于剪切流上部速度大，使涡旋拉伸，发生变形，形状如 U 形，也称发卡涡或马蹄涡。

(5) 猝发：从 U 形涡的形成、发展到产生上抛和下扫的整个流动过程就是猝发现象。上述各个流动特性在图 7.13 中已经清晰标注，图中坐标 y^+ 表示由壁面底部向上计算的距离，定义为 $y^+ = yu_\tau/\nu = y/\delta$，其中 u_τ 是剪切流速，ν 是运动黏性系数，$\delta = \nu/u_\tau$ 是流体微元处于边界层的实际高度，即边界层厚度。上述各个过程都发生在边界层内部不同高度之处，图中已经标出。

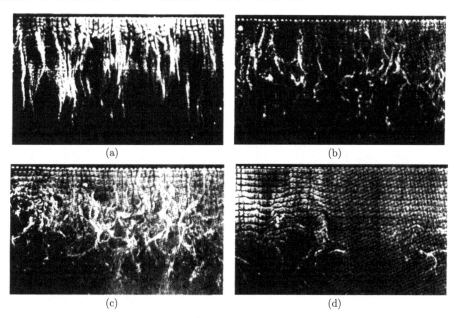

图 7.12　条带状流动模态的实验图片 (流向是从上向下)(引自附录文献注释 [6])

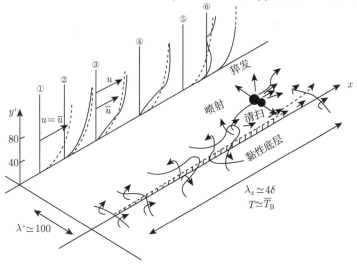

图 7.13　猝发过程的细部形态 (引自附录文献注释 [6])

　　自由剪切湍流中的拟序结构与上面介绍的壁湍流中的拟序结构有所不同，主要特点是在展向出现大尺度涡旋，其上附着大量小涡，随着向下游流动，大涡可以与邻近的涡合拼，也可以是涡本身破裂，形成许多小涡，如图 7.14 所示。

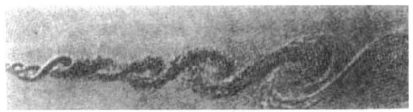

(a) 湍流混合层中的大尺度结构

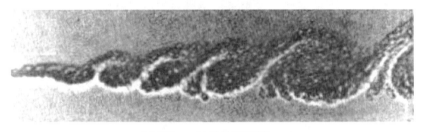

(b) 高Reynolds数的拟序结构

图 7.14　自由剪切湍流中的拟序结构的实验图片 [29]

　　各种不同尺度的拟序结构都有一个从形成到消失的平均周期，一次过程生消之后，经过一个间歇又会再次出现，换句话说，猝发过程就是边界层流场对持续的激励不断作出的响应，也就是由层流转捩到湍流的过程，在一定程度上揭示了湍流形成的动态过程。层流失稳后，猝发现象才能导致流场向湍流转捩，提供维持湍流运动的大部分能量。其实，这才是拟序结构对于湍流研究的重要意义所在。正因为如此，在它发现的 40 多年中，有许多问题仍然不清楚，还需要进行高质量实验，开发图像处理与显示技术，提供更清楚的高分辨率流动图像资料，用来揭示拟序结构、猝发现象与转捩之间的相关机制。

　　拟序结构和猝发现象的发现，体现了流体动力学结构学派特别是实验科学家的研究风格，以寻找确定的规律为目标；统计学派关注现象中蕴含的随机过程和它的统计规律；就现在谈论的拟序结构而言，非线性动力学派也曾探讨过，就是大自由度、多子单元和多尺度系统的自组织问题。通过自组织形成有序结构的现象并不少见，远至木星大气层中的涡旋结构，天空中鱼鳞状排列的云街，近至花岗岩中的环状花纹，再到流体中热对流产生的 Benard 对称涡胞结构，都包含自组织的因素。也就是说，一个动力系统的非平衡态，相应于动力学方程的特解，失稳现象相应于动力学方程特解失稳，一个不稳定的特解不能描述一个在宏观时间间隔内能够观测到的时空有序状态。因此，能正确描述体系动力学行为的动力学方程必须既有稳定的特解，也具有不稳定的特解。具有这种特性的动力学方程必然是非线性的，系统中存在非线性反馈作用使过程的结果能影响到过程本身，才能保证系统的定态失稳而形成新的稳定的时空有序结构。概括起来，我们可以用如下方程描述自组织现象

$$F(\boldsymbol{x}, \lambda, \xi) = 0, \quad \boldsymbol{x} = \{x_i\} \tag{7.18}$$

当外部扰动 $\xi = 0$ 时，系统的解 $\boldsymbol{x}$ 决定于控制参数 λ，如果能得到一个包括 λ 在内的势函数 $V(\boldsymbol{x}, \lambda)$，就可以按照分岔理论进行分析，求出分岔点；如果不能得到这个势函数，就只能进行数值求解，在获得分岔解之后，在分岔点将 ξ 作为小参数展开，研究分岔的轨迹。至于自组织理论与模型能否有效地探究湍流中的拟序结构，是一个有意义的值得思考的问题。

7.4 湍流的随机性——混沌理论

当前，非线性动力学经过 30 多年的发展，它的基本学术思想已经广为人知，特别是引发确定论科学体系变革的混沌现象，科学界已经不再陌生，确定性与随机性是非线性系统共有的两种行为与状态，也不再是难于理解的深奥理论，虽然伟大的 A. Einstein 一直坚信：上帝不掷骰子。不过，那是表达对经典量子力学中 N. Bohr 观点的不认同，而不是针对自然界中的随机现象。

在混沌现象发现之后，50 年来科学技术已经有了长足发展，确定论和非确定论之间的鸿沟已不复存在，那为什么本节还要讨论湍流的随机性 —— 混沌理论呢？讨论这个内容，主要是进一步显示非线性动力学派的研究风格，并与结构学派、统计学派的研究风格进行对比，促进这三者相互借鉴，协同发展，加速湍流的研究进展。

提起混沌现象，无疑需要介绍 E. Lorenz 的奇怪吸引子，他的发现实际上也是确定性与随机性相互结合的一个典型范例。1962 年，他的同行 B. Saltzman 研究无限平板间热对流的问题，也就是以 Benard 热对流实验为基础，探讨从地表至上层大气之间的热对流运动，在 Boussinesq 近似条件下 (即用 Boussinesq 方程代替 N-S 方程) 获得了一组模型方程，这组方程比较复杂。翌年，Lorenz 简化了这个模型，从二维的偏微分方程简化成如下简单的常微分方程

$$\begin{cases} \dfrac{\mathrm{d}x}{\mathrm{d}t} = -\sigma(x - y) \\ \dfrac{\mathrm{d}y}{\mathrm{d}t} = -xz + rx - y \\ \dfrac{\mathrm{d}z}{\mathrm{d}t} = xy - bz \end{cases} \tag{7.19}$$

式中，x 是对流强度；y 是上升流与下降流之间的温差；z 是垂直方向温度分布的非线性强度；b 是常数；σ 是 Prandtl 数；$r = Ra/Ra_{\mathrm{cr}}$，Ra_{cr} 是临界 Rayleigh 数，Ra

是 Rayleigh 数, 它可以表示为 Prandtl 数、Richardson 数和 Reynolds 数三者的乘积: $Ra = -Pr \cdot Ri \cdot Re^2$, 是一个反映流体或大气运动特性的重要参数。$Ra$ 的定义是 $Ra = \dfrac{g\alpha(T_2 - T_1)d^3}{\nu k}$, α, ν, k 是流体的特性参数, 分别为膨胀系数、运动黏性系数和热扩散率, g 是重力加速度, d 是平板间的距离, $(T_2 - T_1)$ 是两板间的温差, T_2 是上部温度, T_1 是下部温度, 一般的 $T_1 - T_2 \geqslant 0$。比值 $r = Ra/Ra_{\rm cr}$ 表示产生对流和湍流的驱动因素 (此处就是上下板之间的温差 ΔT) 与抑制因素 (此处即为黏性) 之比值, 也就是 Lorenz 方程 (7.19) 的控制参数。b 表示与对流纵横比有关的外形参数。在作了上述说明之后, 再来看一看当年 Lorenz 是如何做的。他首先根据大气运动的实际情况, 设定了具体参数: $b = 8/3$, $\sigma = 10$, 由此求出 $r = r_0 = 24.736$; 然后改变 r, 通过计算机对方程 (7.19) 进行数值积分, 但当时计算机的运算速度和稳定性都很差, 给长时间积分造成极大限制, 每次停机后都需要将停机时的计算结果人工输入计算机, 作为模式继续计算的初始条件。为此, Lorenz 事先选定记录纸带上的一个位置 a 作为计算开始的位置, 并使 a 与模型中的某一变量 (如 x) 成比例, 即 $a = kx(t)$, 这样一来, 状态变量随时间演化的计算结果便由 $a(t)$ 的连续变化直观地反映出来。尽管事先如此仔细地处置, 可以事后复查计算结果, 但是, 第一次的计算和停机后的第二次计算是完全不一样的 (图 7.15), 第二次的数据输入

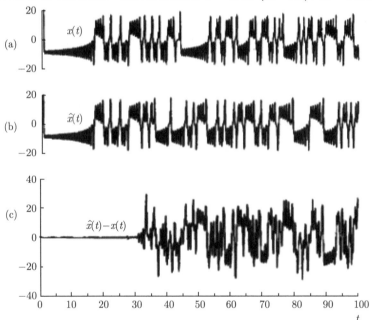

图 7.15　同一模型, 第一次计算 (a) 和第二次计算 (b) 的结果完全不一样, (a) 的初条件是 0.1; 0.1; 0.1。(b) 的初条件是 0.100001; 0.1; 0.1。第二次的数据输入精度是万分之一, 出现似乎混乱的计算曲线 (c)(引自附录文献注释 [8])

精度是万分之一，仍然出现似乎混乱的计算曲线，原因在哪里？当时传统的确定论认为，微小的数据误差只能产生计算结果微小的误差，因此这是一件十分令人困惑的事。

同行 Saltzman 的模型已经取得结果，比这个模型更简单的 Lorenz 模型为什么会出现问题，最后找到了原因，也就是现在人们已经知道的：系统是非线性的，敏感初条件。停机后再次启动时，输入的数据虽然只有万分之一的误差，在 20 世纪 60 年代，已是相当精确了，可是，系统的非线性在后续的计算中放大了这个误差，真是失之毫厘，差之千里！

Lorenz 由此得出结论：任何具有非周期行为的物理系统将是不可预报的，主要是系统的初始条件在其后的演化中完全丧失了，系统运行在混沌轨道上，它的长期行为难以预测。

现在看一看非线性动力学是如何分析这个问题的。首先对方程 (7.19) 作一简单分析，在 x, y, z 组成的三维空间中，原点 $(x=0, y=0, z=0)$ 是平衡点，也就是没有对流的静态，这时 $Ra = Rc_{cr}$，$r=1$，在平衡点施加一个微扰 $(\delta x, \delta y, \delta z)$，然后进行线性化稳定性分析，便可以得出系统 (7.19) 在微扰作用下的演化方程

$$\frac{\mathrm{d}}{\mathrm{d}t} \begin{bmatrix} \mathrm{d}x \\ \mathrm{d}y \\ \mathrm{d}z \end{bmatrix} = \begin{bmatrix} -\sigma & \sigma & 0 \\ r & -1 & 0 \\ 0 & 0 & -b \end{bmatrix} \begin{bmatrix} \delta x \\ \delta y \\ \delta z \end{bmatrix} \tag{7.20}$$

其中参数矩阵为

$$\begin{bmatrix} -\sigma & \sigma & 0 \\ r & -1 & 0 \\ 0 & 0 & -b \end{bmatrix} \tag{7.21}$$

就是通常所说的 Lyapnov 矩阵，相应的特征值方程如下

$$(\lambda + b) \left[\lambda^2 + (\sigma + 1)\lambda + \sigma(1 - r) \right] = 0 \tag{7.22}$$

特征值 λ 的正负决定了系统 (7.19) 在小扰动作用下的动态过程的稳定性。当 $\lambda < 0$ 时，扰动的响应是衰减的；当 $\lambda > 0$ 时，扰动的响应将随时间增长，平衡点失去稳定性。显然，特征方程 (7.22) 有三个根，与 r 有关。当 $0 < r < 1$ 时，三个根均为负实根；当 $r > 1$ 时，有一个正根；当 $r = 1$ 时，有一个零根，系统处于临界状态。实际上，使 Lorenz 模型出现复杂动力学行为的是控制参数 $r > 1$ 的情况。这时系统失稳，演化中出现两个新的定态，$x = y = \pm\sqrt{b(r-1)}$ 以及 $z = r - 1$，对此再作线性化处理，可得如下特征值方程

$$\lambda^3 + (a + b + 1)\lambda^2 + b(\sigma + r)\lambda + 2b\sigma(r - 1) = 0 \tag{7.23}$$

类似地，当 $r > 1$ 时，特征方程 (7.23) 有一个负实根和两个共轭复根，前者使微扰在一个方向上衰减，后者则使系统的响应在其他两个方向上振荡。继续改变 r 值，当 $r = r_0 = \sigma(\sigma + b + 3)/(a - b - 1)$ 时，系统的运动失稳，流体的对流运动进入混沌状态。Lorenz 系统的动力学模型如此简单，却有如此复杂的动力学性态，表现出空间演化的复杂性、时间演化的复杂性、功能结构的复杂性和相互作用的复杂性。它使湍流研究者确信，远比 Lorenz 模型复杂的 N-S 方程必然能够描述湍流的动力学行为，无论它是多么复杂和多么困难。

　　尽管 Lorenz 模型产生了很漂亮的结果和高度复杂的流动结构 (图 7.16)，但是把复杂的流体运动的非线性偏微分方程简化为有限数目的常微分方程，是对原始问题的相当严重的简化处理。它的有效性与普适性是一个需要研究的问题，也就是说，能否用少量的常微分方程来描述流体的复杂运动，是一个没有解决的问题。此外，混沌模型有一个重要的特征，就是存在低维数吸引子，它支配系统的动力学性态，表现出模型的简单性，同时又显示出动力学演化的复杂性，而流体特别是湍流运动，是无穷维的动力学系统，不是混沌，是否能用 "简单的混沌" 来描述流体复杂的运动形态呢？这就留给读者思考吧。

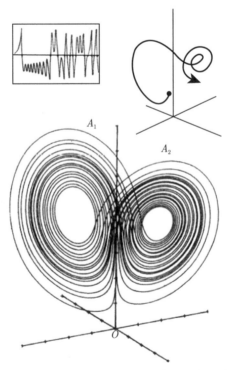

图 7.16　Lorenz 模型产生的很漂亮的蝴蝶翅膀 [5]

第 8 讲   标度律 —— 层次结构模型

湍流的标度律就是研究均匀各向同性湍流场中，空间两点速度差的各阶矩与两点间距离尺度或者能量耗散率与尺度之间的幂率关系，是多尺度、高维数、强非线性湍流场能量级串特性的集中体现，因此具有重要意义。令人欣慰的是，我国科研人员对此也做出了突出贡献。本讲的主要内容是佘振苏的层次结构模型和他的标度律。其中包括如下四个相关内容：① 层次结构模型：SL 标度律；② 实验结果；③ 物理学的机制和图案；④ 壳模型。

8.1   层次结构模型——SL 标度律

在第 6 讲中，介绍 Kolmogorov 的二阶相关函数时，曾经给出一个定义，如式 (6.13) 所示，即 $D_{ij}(\boldsymbol{y}_2 - \boldsymbol{y}_1, \boldsymbol{x}_0 + \boldsymbol{y}_1, t) = \overline{([u_i(\boldsymbol{y}_2) - u_i(\boldsymbol{y}_1)][u_j(\boldsymbol{y}_2) - u_j(\boldsymbol{y}_1)])}$。实际上，两点 ($i$ 和 j) 之间的距离用 l 表示 (也常用 r 表示)，则有 $l = y_2 - y_1$，D_{ij} 就是更常使用的二阶结构函数 $D_{LL} = \overline{(u(x+l) - u(x))^2}$。为了方便起见，在本讲和以后的各讲中，常用 $|\delta u_l|$ 表示速度结构函数，取绝对值是考虑到两点速度差有正有负这个因素，用 $\langle |\delta u_l| \rangle$ 表示 $|\delta u_l|$ 的系综平均，在平稳随机过程和各态历经的情况下，也代表时间平均和空间平均，因此 $\overline{|\delta u_l|}$ 和 $\langle |\delta u_l| \rangle$ 的表示是等价的，可以交替使用。

Kolmogorov 和 Obukhov 已经给出二阶结构函数的关系式 $u_r^2 = C_k(\varepsilon r)^{2/3}$，频谱的关系式 $E(k) = C\varepsilon^{2/3}k^{-5/3}$，从中可以看出，无论是频谱 k 还是尺度 r(也就是此处的 l)，都包含幂指数因子 $1/3$。K41 理论预测，速度结构函数的高阶矩 $\overline{|\delta u_l|}^p$ 或 $\langle |\delta u_l|^p \rangle$ 均可以表示成 $l^{p/3}$ 的幂率形式。在均匀各向同性湍流中，发现间歇性之后，提出了考虑间歇性的 β-模型，由于与实验结果明显不符，探讨新的标度律就成为具有重要意义的课题。简单地说，就是如何获得与实验符合得更好的 $\langle |\delta u_l|^p \rangle$ 与 l 的关系式，或者能量耗散率 $\langle |\varepsilon|^q \rangle$ 与 l 的关系式。这里的难点在什么地方？首先，必须符合流体力学特别是湍流理论的已知机制，所得公式能解释湍流运动中的某些特性；其次，公式必须没有可调参数，不能去拟合实验曲线，在物理学上，就是自洽性；第三，具有广泛的适用性，最好是具有普适性，也就是可以用于各种不同的湍流流态。这三点要求使得标度律的研究极其困难，众多研究人员接受了这一挑战，而领先取得重要结果的当属 SL 模型和层次结构理论。

佘振苏和他当时的研究生 E. Leveque 提出的层次结构模型的核心是：湍流间

歇性在时间、空间和间歇强度上具有自相似性，在每一个尺度上，间歇的强度振幅形成一个递增的脉动序列，在不同尺度上，脉动量的振幅强度分布形成了层次结构。为此，引入层次加权的概率密度表示式

$$\varepsilon_l^{(p)} = \frac{\langle \varepsilon_l^{(p+1)} \rangle}{\langle \varepsilon_l^{(p)} \rangle} = \frac{\int \varepsilon_l^{p+1} p(\varepsilon_l) \mathrm{d}\varepsilon_l}{\int \varepsilon_l^p p(\varepsilon_l) \mathrm{d}\varepsilon_l} = \int \varepsilon_l^{p+1} \left(\frac{p(\varepsilon_l)}{\int \varepsilon_l^p p(\varepsilon_l) \mathrm{d}\varepsilon_l} \right) \mathrm{d}\varepsilon_l$$

$$= \int \varepsilon_l^{p+1} Q_P(\varepsilon_l) \mathrm{d}\varepsilon_l, \quad p = 0, 1, 2, \cdots, N \tag{8.1}$$

式中，积分 $\int \varepsilon_l^p p(\varepsilon_l) \mathrm{d}\varepsilon_l$ 是一个常数，因此，可以移入分子的积分号之内，而 $Q_P(\varepsilon_l) = p(\varepsilon_l) \big/ \int \varepsilon_l^p p(\varepsilon_l) \mathrm{d}\varepsilon_l$ 就是加权因子，也是对能量耗散率无量纲化的处理。可以类似地得到速度结构函数的加权概率密度表示式和无量纲处理，即 $\delta u_l^{(p)} = \langle |\delta u_l|^{p+1} \rangle / \langle |\delta u_l|^p \rangle$。由于在惯性副区各个尺度的涡均被激发，因此 $\int \varepsilon_l^p p(\varepsilon_l) \mathrm{d}\varepsilon_l \neq 0$，从而保证了概率除法运算的有效性。此外，牛顿流体的运动黏性系数 ν 也不为零，应变率张量 $S_{ij} = \partial u_i / \partial x_j$ 不会出现拐点 (现在还没有出现反例，包括 Frisch 等的数值计算)，因此，能量耗散率张量各分量 $\varepsilon = 1/2\nu S_{ij}^2$ 不会出现奇点。这样一来，在各个层次上，加权的能量耗散率 $\varepsilon_l^{(0)} \leqslant \varepsilon_l^{(1)} \leqslant \varepsilon_l^{(2)} \leqslant \cdots \leqslant \varepsilon_l^{(p)} = \varepsilon_l^{(\max)}$ 就是递增序列；同样，速度差的加权概率 $\delta u_l^{(0)} \leqslant \delta u_l^{(1)} \leqslant \delta u_l^{(2)} \leqslant \cdots \leqslant \delta u_l^{(p)} = \delta u_l^{(\max)}$ 也是递增序列，而且是有限的。这两个序列在数学上更准确的说法应是不减序列。其中，$\varepsilon_l^{(\max)}$ 和 $\delta u_l^{(\max)}$ 表示有限序列中第 N 项 (序列的末项)，也是相对强度最大的项，上面是进行加权和无量纲处理，现在是用 $\varepsilon_l^{(\max)}$ 和 $\delta u_l^{(\max)}$ 对 $\varepsilon_l^{(p)}$ 和 $\delta u_l^{(p)}$ 序列进行归一化处理。我们知道，原子核中，在不同轨道运行的电子具有不同的能级，有基态和最高激发态之分。提到这一点，有助于我们想象层次模型以及下面还要论及的壳模型。仿此，在层次结构模型中，$\varepsilon_l^{(\max)}$ 和 $\delta u_l^{(\max)}$ 就是振幅强度的最高激发态，在归一化时，定义 $\varPi_l^{(p)} = \varepsilon_l^p \big/ \varepsilon_l^{(\max)}$，显然有 $0 \leqslant \varPi_l^{(p)} \leqslant 1$。层次变量之间有如下关系

$$\varPi_l^{(p+1)} = A_p (\varPi_l^{(p)})^\beta \tag{8.2}$$

式中，β 是一个与 p 和 l 无关的常数，类似于第 7 讲中的间歇因子 γ，取值范围是：$0 < \beta < 1$。而 A_p 仅与 p 有关，与 l 无关，为什么能如此呢？只要将式 (8.2) 简单变换一下，就可以看出 $A_p = \varPi_l^{(p+1)} \big/ (\varPi_l^{(p)})^\beta$，$\varPi_l^{(p+1)}$ 和 $(\varPi_l^{(p)})$ 经过加权处理和无量纲化，已经不再包含物理参量，由于它们具有自相似性，二者的比值进一步消除了包含物理参量的任何可能性，A_p 只能与幂指数 p 有关，反映了层次结构的特征。现在有了如下两个关系式

$$\varepsilon_l^{(p)} = \varPi_l^{(p)} \varepsilon_l^{(\max)}; \quad \langle \varepsilon_l^{(p+1)} \rangle = \varepsilon_l^{(p)} \langle \varepsilon_l^p \rangle$$

就可以得出如下递推公式

$$\varepsilon_l^{(p)} = \Pi_l^{(p)} \varepsilon_l^{(\max)} \langle \varepsilon_l^{(p+1)} \rangle = \varepsilon_l^{(p)} \langle \varepsilon_l^p \rangle \tag{8.3}$$

$$\begin{aligned}
\langle \varepsilon_l^{(p)} \rangle &= \langle \varepsilon_l^{(p-1)} \rangle \varepsilon_l^{(p-1)} = \langle \varepsilon_l^{(p-1)} \rangle \Pi_l^{(p-1)} \varepsilon_l^{(\max)} \\
&= \langle \varepsilon_l^{(p-2)} \rangle \varepsilon_l^{(p-2)} \Pi_l^{(p-1)} \varepsilon_l^{(\max)} \\
&= \langle \varepsilon_l^{(p-2)} \rangle \varepsilon_l^{(p-2)} \Pi_l^{(p-2)} \Pi_l^{(p-1)} \left(\varepsilon_l^{(\max)} \right)^2 \\
&= \langle \varepsilon_l^{(p-3)} \rangle \varepsilon_l^{(p-3)} \Pi_l^{(p-2)} \Pi_l^{(p-1)} \left(\varepsilon_l^{(\max)} \right)^3 \\
&= \langle \varepsilon_l^{(p-3)} \rangle \Pi_l^{(p-3)} \Pi_l^{(p-2)} \Pi_l^{(p-1)} \left(\varepsilon_l^{(\max)} \right)^3 \\
&= \cdots \\
&= \Pi_l^{(p)} \Pi_l^{(p-1)} \Pi_l^{(p-2)} \cdots \Pi_l^{(0)} \left(\varepsilon_l^{(\max)} \right)^p
\end{aligned} \tag{8.4}$$

将上式整理后可得

$$\begin{aligned}
\langle \varepsilon_l^{(p)} \rangle &= \left(\Pi_l^{(0)} \right)^{\frac{1-\beta^p}{1-\beta}} \left(\varepsilon_l^{(\max)} \right)^p \\
&= \langle \varepsilon_l \rangle^{\frac{1-\beta^p}{1-\beta}} \cdot \left(\varepsilon_l^{(\max)} \right)^{p - \frac{1-\beta^p}{1-\beta}} \propto \left(\varepsilon_l^{(\max)} \right)^{p - \frac{1-\beta^p}{1-\beta}}
\end{aligned} \tag{8.5}$$

这里的关键问题是：能否假设 $\langle \varepsilon_l \rangle$ 为常数，在 K41 理论中，Kolmogorov 假定 $\langle \varepsilon \rangle$ 是常数，这里是假设 $\langle \varepsilon_l \rangle$ 为常数，而不是假设 $\langle \varepsilon \rangle$ 为常数。区别在于，假设 $\langle \varepsilon \rangle$ 为常数意味着在整个惯性副区，能量的耗散都是按照固定速率进行的；而假设 $\langle \varepsilon_l \rangle$ 为常数，则是在尺度为 l 的层内按固定速率进行的。二者有本质的不同，也就是说，下式不成立

$$\langle \varepsilon \rangle \neq \overline{\langle \varepsilon_1 \rangle + \langle \varepsilon_2 \rangle + \cdots + \langle \varepsilon_N \rangle} \tag{8.6}$$

基于这个事实，式 (8.5) 正是层次结构模型的体现，由此可得 SL 模型的标度律

$$\langle \varepsilon_l^{(p)} \rangle \propto \left(\varepsilon_l^{(\max)} \right)^{p - \frac{1-\beta^p}{1-\beta}} = (l^\lambda)^{p - \frac{1-\beta^p}{1-\beta}} = l^{\lambda p - \frac{\lambda(1-\beta^p)}{1-\beta}} \tag{8.7}$$

前面曾经提到，佘振苏的层次结构模型的核心是：湍流间歇性在时间、空间和间歇强度上具有自相似性，在每一个尺度上，间歇的强度振幅形成一个递增的脉动序列，在不同尺度上脉动量的振幅强度分布形成了层次结构。假定 $\varepsilon_l^{(\max)} \propto l^\lambda$，就意味着在每一层内，能量的耗散是由这一层的最强激发态的最大耗散率支配的，而各层之间具有自相似性。耗散过程就按照序列 $\varepsilon_l^{(0)} \leqslant \varepsilon_l^{(1)} \leqslant \varepsilon_l^{(2)} \leqslant \cdots \leqslant \varepsilon_l^{(p)} = \varepsilon_l^{(\max)}$ 进行下去。

有了能量耗散率 ε 的标度律, 就不难得出速度差的标度律指数, 因为二阶结构函数的关系式为 $u_r^2 = C_k(\varepsilon r)^{2/3}$, 它的 q 阶矩的幂率由 ε 的幂率和尺度 r 的幂率两部分组成。为了区分 ε 的幂率, 习惯上将它记为 $\tau_{q/3} = q/3$, 可以表示为 $\langle(\delta u_r)^q\rangle \propto \varepsilon^{q/3} r^{q/3} \propto r^{q/3} r^{\tau_{q/3}} = r^{q/3 + \tau_{q/3}}$, 再将这两部分用 ς 表示, $\varsigma = q/3 + \tau_{q/3}$, 利用式 (8.7) 很容易得出结构函数的幂率 $\varsigma_p = \gamma p + C(1 - \beta^{P/3})$。我们把这两个幂率和需要确定的常数重新写在下面

$$\langle\varepsilon_l^{(p)}\rangle \propto l^{\tau_p} = l^{\lambda p - \frac{\lambda(1-\beta^p)}{1-\beta}}, \quad \tau_p = \lambda p - \frac{\lambda(1-\beta^p)}{1-\beta} \tag{8.8}$$

$$\langle(\delta u_r)^p\rangle \propto r^{\varsigma_p} = r^{\gamma p + C(1-\beta^{P/3})}, \quad \varsigma_p = \gamma p + C(1-\beta^{P/3}) \tag{8.9}$$

$$\gamma = \frac{\lambda + 1}{3}, \qquad C = \frac{\lambda}{1-\beta} \tag{8.10}$$

剩下的问题是如何确定这几个常数, 即是 C、λ、γ 和 β。其中, C 是任意尺度下均匀各向同性湍流中的最大激发态所占的空间份额, 可以表示为 $\langle\varepsilon_l/\varepsilon_l^{(\mathrm{max})}\rangle \propto (l/L)^C = (l/L)^{d-D_F}$; L 是最大涡旋的尺度; D_F 是间歇性本身所占的空间维数份额。显然有 $C = d - D_F$, 根据实验观测可知, 均匀各向同性湍流的常态结构是一维的涡丝, 从三维物理空间扣除涡丝占据的空间, 即 $D_F = 1$, 则 $C = 2$。其次, $\lambda = -2/3$ 是由 $\varepsilon_l^{(\mathrm{max})} \propto l^{-2/3}$ 得出的, 需要作如下说明: 在尺度 l 的范围内, 从大涡传入的能量在这个尺度上被耗散, 当处于最强激发态时, 能量的耗散也处于最大状态 $\delta E^{(\mathrm{max})}$, 能量的耗散率 $\varepsilon_l^{(\mathrm{max})}$ 等于 $\delta E^{(\mathrm{max})}/t_l$, 而用于耗散该能量的时间 t_l 是由量纲分析确定的, $\langle\varepsilon_l\rangle^{-1/3} l^{2/3}$ 具有时间的量纲, 因此可以用它表示时间, 即 $t_l = \langle\varepsilon_l\rangle^{-1/3} l^{2/3}$, 从而下式成立

$$\varepsilon_l^{(\mathrm{max})} = \frac{\delta E^{(\mathrm{max})}}{t_l} = \frac{\delta E^{(\mathrm{max})}}{\langle\varepsilon_l\rangle^{-1/3} l^{2/3}} = \delta E^{(\mathrm{max})} \langle\varepsilon_l\rangle^{1/3} l^{-2/3} \propto l^{-2/3} \tag{8.11}$$

当然, 对于 $t_l = \langle\varepsilon_l\rangle^{-1/3} l^{2/3}$ 的物理意义尚需进一步分析, 因为通过量纲分析也可以得出时间的其他表示式。还需要说明的是, 对于参数 C, 没有采用原始模型中 $\lim\limits_{p\to\infty}\langle(\varepsilon_l/\varepsilon_l^{(\infty)})^p\rangle$ 这样的表示, 因为 $0 < (\varepsilon_l/\varepsilon_l^{(\infty)}) < 1$, 极限表示会导致 $\lim\limits_{p\to\infty}\langle(\varepsilon_l/\varepsilon_l^{(\infty)})^p\rangle \to 0$, 而湍流中能量的输运、耗散和再平衡过程是连续而有限的, 数学上的极限表示在这里是不必要的, 代之的是最高激发态 $\varepsilon_l^{(\mathrm{max})}$ 这样直观和物理意义明确的表示。

确定了 C 和 λ 值之后, 由式 (8.10) 立即得出 $\gamma = 1/9$ 和 $\beta = 2/3$ 的结果, 至此, SL 模型的全部参数已经完全确定, 其中没有任何可调参数, 这也是它的显著特点之一。

8.2 实 验 结 果

在 SL 模型提出之后，有多种实验和数值计算对这个模型进行了检验，包括风洞湍流、尾迹湍流、射流湍流、氦气低温实验和直接数值模拟等，特别是采用了扩展的自相似方法 (ESS)，使测量精度显著提高。实验对比曲线如图 8.1 所示，SL 模型与实验结果在高阶矩时符合得很好，K41 理论在低阶矩时与实验符合得也很好，这也说明 K41 理论给出的标度律是线性的，而 SL 模型给出的标度律是非线性的，二者在低阶矩时一致，说明标度律的低阶矩的线性性质是发达湍流的基本特性。

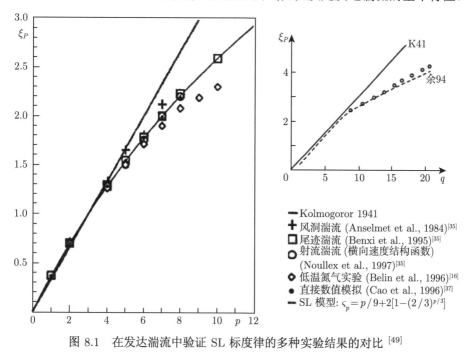

图 8.1 在发达湍流中验证 SL 标度律的多种实验结果的对比 [49]

8.3 物理学的机制和图案

在均匀各向同性湍流中发现间歇性之后，有一些湍流非线性动力学的研究者，从分形的观点对 K41 理论给出的标度律进行修正，如 β-模型，它的重点是从维数上修正，没有体现湍流能量耗散的物理过程 (当然，目前对这个过程的理解还不很清楚)，效果也就不很明显。之后，SL 模型则是从发达湍流的能量耗散机制出发，认为 K41 理论给出的标度律主要反映的是小尺度涡能量耗散的均匀性，等同于能量耗散率 $\langle \varepsilon_l \rangle$ 在惯性副区是常数，也就是说 $\langle \varepsilon_l \rangle = \langle \varepsilon \rangle$。由于间歇性的发现，说明这样的能量耗散图案是不符合实际过程的，取而代之的应当是 $\langle\varepsilon_l\rangle \neq \langle\varepsilon\rangle$。湍流涡既然在空间上是间歇性的，那么，在时间过程中它是如何进行的？SL 模型认为，既然湍流涡在空间上有间歇性，那么在时间过程中，就一定会出现能量耗散的不均匀序列，大涡对能量耗散的影响也会体现在惯性副区的耗散序列中。由此可以设想，能量耗散序列包含了最强耗散的最大振幅，它不仅是最高激发态，也是能量耗散序列的支配者，这样的由强到弱的能量耗散序列就组成了层次结构，具备了自相似性。虽然可以假设整个湍流的级串过程是由 ε 与 δu 序列中最大振幅 $\varepsilon^{(\infty)}$ 支配的，但是最大振幅 (或所谓最强激发态的小概率事件) 的出现在时间进程中是随机的。由因果律可知，它不可能对其出现之前和之后的级串过程均能起支配作用。此外，$\varepsilon^{(\infty)}$ 与 $\delta u^{(\infty)}$ 所对应的物理意义尚不清楚，除了看成一种归一化的数学处理方法之外，对这两个 $\varepsilon^{(\infty)}$ 与 $\delta u^{(\infty)}$ 特征量还需要深入探讨。很明显，间歇性的存在，按照非线性动力学派的观点，就是空间对称破缺，按照 Boltzmann 的最大熵理论，说明在湍流惯性副区，湍流涡没有达到最混乱的状态。层次结构就是有序的结构，但其中的能量耗散是不均匀的，耗散能量的湍流涡的激发状态是随机的，具有不确定性，最高激发态自然是小概率事件，但是，按照能量耗散的振幅强度形成一个序列又是必然的，二者结合，就是 SL 模型层次结构的物理图案。我们在第 1 讲中指出，湍流的复杂性包括：计算的复杂性，尺度的复杂性，状态的复杂性，转捩的复杂性，预测的复杂性，描述的复杂性，测量的复杂性，各种结果解释的复杂性。湍流是三维的流动，它的时空结构还很不清楚，反映它的立体结构的足够清晰的多尺度图案也很少，想象和理解湍流的三维动态图案实在是很困难的。因此，对 SL 模型的物理图案的理解和研究仍然是一个重要课题。在 SL 模型提出之后，有一批跟进的研究，除了证明 SL 模型与对数-Poisson 分布存在联系之外，其他新颖的内容不多，在此就不再论述了。

8.4 壳 模 型

我们已经知道，湍流的自由度大致是 $Re^{9/4}$，如果 $Re = 10^6$，湍流的自由度已经可达 10^{12} 以上，是一个非常大的数，远超出当前计算机硬件可以提供的计算能力。高 Reynolds 数的数值模拟很难实现，如何走出困境？

壳模型是走出困境的一个成功的尝试。它是一个离散的动力学模型，源于 Lorenz 和多名俄罗斯学者 (Desnyansky, Novikov, Gledzer, Dolzhansky 和 Obukhov) 的贡献。Desnyansky 和 Novikov 首先提出，后经 Ohkitani 和 Yamada 改进成为当前重要的 GOY 壳模型。该模型主要仿效 N-S 方程，为了看清楚这一点，我们把 N-S 方程写在下面，便于对比

$$\frac{\partial u}{\partial t} + (u \cdot \nabla)u = -\frac{\nabla p}{\rho} + \nu\Delta u + f_u \tag{8.12}$$

对于均匀各向同性湍流场, 空间处处相同, 坐标变量 x, y, z 不起作用, 意味着 $(u \cdot \nabla) u$ 项可以不考虑空间位置的影响; 同样, 压力项在均匀场中也不存在, $(-\nabla p / \rho)$ 项自然也不必考虑, 剩下的两项 $\nu \Delta u$ 和 f_u 是需要考虑的。因此, 就 N-S 方程而言, 可以类似于 Lorenz 模型作简化处理, 需要模拟的有 $\dfrac{\partial u}{\partial t}$, $(u \cdot \nabla) u$, $\nu \Delta u$ 和 f_u。由于 $(u \cdot \nabla) u$ 可以用离散化的相邻速度 $(u_n \cdot u_{n\pm1})$ 来近似, 因此, N-S 偏微分方程现在就可以简化成为非线性常微分方程了, 壳模型的基本思路正是如此, 该方程由 N 个变量 $u_1, u_2, \cdots, u_N$ 组成, 每个变量 u_n 都表示速度场在相应的长度尺度上的典型幅度, 这样, Fourier 空间就被分成 N 个壳层, 每一个壳层由一组波矢量 $\boldsymbol{k}$ ($k_0 2^n < |\boldsymbol{k}| < k_0 2^{n+1}$, $n = 1, 2, \cdots, N$) 组成。变量 u_n 是长度尺度 ($l \sim k_n^{-1}$) 上的速度差 $|u(x+l) - u(x)|$, 每一层上只有一个自由度, 模型的离散动力学方程如下

$$\left(\frac{\mathrm{d}}{\mathrm{d}t} + \nu k_n^2 \right) u_n = \mathrm{i}(a_n k_n u_{n+1}^* u_{n+2}^* + b_n k_{n-1} u_{n-1}^* u_{n+1}^* + c_n k_{n-2} u_{n-1}^* u_{n-2}^*) + f \delta_{n,4} \tag{8.13}$$

边界条件如下

$$b_1 = b_N = c_1 = c_2 = a_{N-1} = a_N = 0 \tag{8.14}$$

式中, $*$ 表示复变量, 外力 $f\delta_{n,4}$ 表示作用于第 n 个壳层的第 4 层上 (即最外层), 壳层之间的相互作用是通过相邻壳上的速度变量之间的乘积实现的。相邻的意思是指以 n 为中心, 右邻近壳层 u_{n+1} 和 u_{n+2}, 左右邻近壳层 u_{n-1} 和 u_{n+1}, 左邻近壳层 u_{n-1} 和 u_{n-2}, 已如式 (8.13) 所示。模型中, 相邻壳层之间的速度乘积代表了湍流动能由低波数向高波数传递, 模拟了 N-S 方程中的对流项 $(u \cdot \nabla) u$, $\nu k_n^2 u_n$ 模拟了 N-S 方程的耗散项 $\nu \Delta u$, 实际的数值实验中出现奇怪吸引子和间歇性, 标度律是多分形的, 具有能量守恒和相空间体积守恒特性, 表明壳模型能够保留 N-S 方程的基本流体动力学特性。方程 (8.13) 的数值解如下

$$u_n(t + \Delta t) = \mathrm{e}^{-\nu k_n^2 \Delta t} u_n(t) + \frac{\mathrm{e}^{-\nu k_n^2 \Delta t}}{\nu k_n^2} \left[\frac{3}{2} g_n(t) - \frac{1}{2} g_n(t - \Delta t) \right] \tag{8.15}$$

式中, $g_n(t)$ 代表方程 (8.13) 右边的部分。前面提到的慢变量役使快变量的 "役使原理", 用于这里解的分析是很方便的。也可以反过来, 将壳模型转换为连续模型, 当壳层之比为 $r = k_{n+1}/k_n \to 1$ 时, 离散的壳模型 (8.12) 就由常微分方程转变为如下偏微分方程

$$\frac{\partial u^*}{\partial t} = -\mathrm{i} \left(k u^2 + 3k^2 u \frac{\partial u}{\partial k} \right) + F(k) - \nu k^2 u^* \tag{8.16}$$

对 k 离散化, 又可以转变成类似于式 (8.13) 的 GOY 模型。

　　壳模型有多个版本, 主要是对壳层参量设置不同, 并没有多少本质上的差异。在这里介绍壳模型是因为它有进一步深入研究的必要性; 也因为它有类似于 SL 层次结构模型的壳层结构 (如果将壳模型中的速度变量 u_n 用一组变量 $u_{n,j}(t)$ 代替, 也的确可以将这样的模型称为层次结构壳模型)。不过, SL 模型是直接从湍流的间歇性作为出发点, 而此处介绍的壳模型是直接将 N-S 方程离散化作为出发点, 二者是不一样的, 从实验结果来看 (图 8.2), 似有异曲同工之妙。

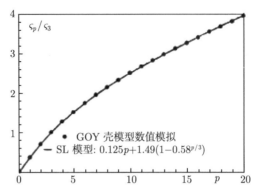

图 8.2　在发达湍流中 SL 标度律与 GOY 标度律实验结果的对比 [48]

第9讲　湍涡能量耗散 —— 同步级串模型

在湍流这一著名难题的研究中，由于标度律是湍流场中不同尺度脉动量之间，通过非线性相互作用形成的自相似性的统计规律，因而受到人们的高度重视，相应的研究获得了较大的进展。人们认识到湍流的间歇性或反常标度特性是建立湍流级串模型的关键问题，从修正 Kolmogorov 的 K41 理论提出的许多模型，都计入了间歇性的重要影响，使人们对间歇性有了较深入的理解。湍流间歇性的存在，说明能量的级串过程在充分发展的湍流的惯性副区也是不均匀的，因而传统的 Richardson 能量级串图案不符合已有的实验事实。本讲以能量级串为主要议题，讨论如下三个问题：① Landau 的质疑；② Kolmogorov 第三相似假设：对数-正态分布模型；③ 同步级串模型。

9.1　Landau 的质疑

K41 理论提出时，正值战争年代，实验验证因为条件的限制，特别是 Reynolds 数很低，直到 20 世纪 60 年代初，才在一个海洋学水槽内由潮汐产生的流动中得到证实，Reynolds 数高达 4×10^7，实验结果与 Kolmogorov 的能谱 $(-5/3)$ 幂率符合得很好，其后直到现在，已有大量不同实验 (大气边界层，海洋学和流体力学水槽实验，低温氦气实验等) 证实了这一定律。但是，在波数的高端或者在高阶矩时，理论计算与实验结果逐渐出现偏离，这两种偏离本质上是一样的吗？偏离的原因是什么？一种看法认为，是均匀各向同性湍流中存在间歇性所致，换句话说，在惯性副区，湍流的状态仍然不够混乱，达不到均匀各向同性的状态。另一种看法认为，能量耗散率 $\langle \varepsilon \rangle$ 在这个区域不是常数；此外，还有其他观点，如认为湍流在这个区域没有被充分激活，如此等等。那么，能量耗散率 ε 到底和什么因素有关？它和尺度之间有什么关系，它和 Reynolds 数有什么关系？它是湍流的普适特性吗？是否有不存在间歇性的湍流，比如极高 Reynolds 数情况下，间歇性如何？间歇性是否等价于下述问题：

(1) 湍流流体充满空间，但湍流涡无法充满空间，因此，不是充分紊乱状态，也就不是均匀各向同性状态。

(2) $(-5/3)$ 幂率在高波数时偏离实验结果与结构函数在高阶矩时偏离实验结果，二者有何区别？

1944 年，L. Landau 在他和 E. Lifshitz 合著的 "*Fluid Mechanics*" 的第 3 章，

论述湍流和介绍 Kolmogorv 的理论时，以脚注的方式含蓄地表示了他对能量耗散率的平均值 $\langle \varepsilon_l \rangle$ 是否具有普适性的疑虑；在这之前的 1942 年，Landau 在苏联的城市 Kanzan 的研讨会的摘要上曾发表过一个附注；此后，在 1987 年出版的 *Fluid Mechanics* 的第二版中，上面提到的脚注改成正文 (大概是 E. Lifshitz 做的改动，但注明是 Landau1944 年提出的)。这个注释是在非线性动力学盛行的 60、70 年代才开始引起广泛注意，其内容如下：

附注原文：L. Landau remarked that A. N. Kolmogorov was the first to provide correct understanding of the local structure of a turbulent flow. As to the equations of turbulent motion, it should be constantly born in mind, in Landau's opinion, that in a turbulent field the presence of curl of the velocity was confined to a limited region; qualitatively correct equations should lead to just such a distribution of eddies.

附注译文：在 L. 朗道看来，A. N. 柯尔莫哥洛夫是第一个提出正确理解局地湍流结构的人。说到湍流运动方程，应该时常记住朗道的观点，即湍流场速度的旋度分布在一个有限的区域；定性正确的方程应该反映涡流的这种分布。

脚注原文：It might be thought that the possibility exists in principle of obtaining a universal formula, applicable to any turbulent flow, which should give $S_2(l)$ for all distances l that are small compared with l_0. In fact, however, there can be no such formula, as we see from the following argument. The instantaneous value of $(\delta u_{\parallel}(l))^2$ might in principle be expressed as a universal function of the dissipation ε at the instant considered. When we average these expressions, however, an important part will be played by the manner of variation of ε over times of the order of the periods of the large eddies (with size$\sim l_0$) and this variation is different for different flows. The result of the averaging therefore cannot be universal.

脚注译文：也许原则上能获得一个普遍公式，适用于任何湍流，在小于 l_0 的一切距离 l 上，能给出 $S_2(l)$。然而，事实上，正如我们从下面的论点看到的那样，不可能有这样的公式。虽然，原则上 $(\delta u_{\parallel}(l))^2$ 的瞬时值可以表示成该时刻耗散率 ε 的普适函数，但是，当我们对这些表达式取平均时，ε 在尺度约为 l_0 的大涡周期的时间尺度上发生变化而起作用，不同的流态，其变化是不同的，正是这个重要的因素在起作用，从而使得平均的结果不再是普适的。

在 1987 年出版的 *Fluid Mechanics* 的第二版中，上面提到的脚注改成了正文，内容基本上没有变化，但是，由于该书的中文版直接译自俄文，更加准确，为了对比和仔细体会 Landau 对能量耗散率 ε 的看法，也将中译本 (Л. Д. 朗道，E. M. 栗弗席兹著. 《流体动力学》(第五版). 李植译，陈国谦校. 北京：高等教育出版社，156~157) 的注释转录如下。

注释正文：我们再作出以下一般性说明。似乎可以设想，在原则上有可能得到一个普适公式 (适用于任何湍流)，从而在所有远小于 l 的距离 r 上给出量 B_{rr} 和 B_{tt}。但是，下述讨论表明，这样的公式其实根本不可能存在。量 $(u_{2i}-u_{1i})(u_{2k}-u_{1k})$ 的瞬时值在原则上可以用普适形式通过同一时刻的能量耗散率 ε 表示出来。但是，在取这些表达式的平均值时，ε 在 (量级为 $\sim l$ 的) 大尺度运动的若干周期内的变化规律将起重要作用，而这种规律对于流动的不同，具体情况是不同的。因此，取平均值的结果也不可能是普适的。

以上是 Landau 对 Kolmogorov 的二阶结构函数的普适性，从持有疑问到明确表达否定意见的基本资料。从中可以看出，Landau 质疑的基本出发点是尺度问题。他认为即使在惯性副区中，能量耗散率 ε 的平均值 $\langle\varepsilon(l)\rangle$ 也是随不同流动情况而改变的，至于 $\langle\varepsilon(l)\rangle$ 的变化规律如何，他没有给出任何信息，只是定性地认为它不是普适的。虽然当时 Landau 已是著名的理论物理学家，这个发表在他们的流体动力学著作中的脚注，多年来并未引起其他研究人员的注意，因为不是以论文的形式正式质疑，而简短的脚注并未涉及具体的问题，没有引起研究人员的注意也是很自然的事。而 Kolmogorov，当时已是学术界声名卓著的数学家，成绩斐然，他的相似性假设奠定了湍流统计理论的基础，能谱的 $(-5/3)$ 幂率被众多不同类型的实验所证实，由相似性假设得出的重要结果，简洁漂亮，因此在湍流研究领域倍受尊敬，Landau 的质疑被忽视，也是在情理之中。

其实，现在看来，Landau 的质疑主要涉及能量耗散率，对于初学湍流的研究人员，一般有两种想法，一种想法是：如果能量耗散率是流体的属性，自然和流体有关，不同的流体有不同的能量耗散率；另一种想法是：如果能量耗散率是流动的属性，那么，它自然与流动性态有关，不同的流动状态 (包括流动的环境，Reynolds 数，边界条件等) 自然有不同的能量耗散率，流态在不同尺度上有不同的形态，能量耗散率也就随之不同。至于平均之后是否是一个常数，是否反映流动的属性，那要看平均的尺度范围而定。当时，Kolmogorov 明确假设他的理论只适用于局地均匀各向同性湍流，也就是充分发展的湍流的惯性副区，在这个范围就是既远离积分尺度 (大尺度) 也远离分子黏性起作用的小尺度，能量耗散率在这个尺度范围内的平均应是一个常数，不需考虑它的起伏变化。对于 Kolmogorov 这样一位概率论和随机过程的大师，不会想不到平均值与瞬时值之间的差异，因此，没有回应 Landau 的注释，并不奇怪。概括地讲，Landau 的质疑在几乎沉寂了 15 年之后，重新引起注意，除了实验的进展，当然，大部分原因归结为非线性动力学的兴起和盛行。

9.2 Kolmogorov 第三相似假设——对数-正态分布模型

时至 1962 年，Kolmogorov 和 Obukhov 针对 Landau 的质疑，研究了如下问题：能量耗散率的起伏对湍流小尺度特性的影响，提出了对数-正态分布模型。

首先，估计一下能量耗散率 ε 的平均值 $\langle\varepsilon(l)\rangle$ 在多大程度上影响了湍流场小

尺度的特性, 能量耗散率 ε 可以表示成如下形式

$$\varepsilon(x,t) = \frac{\nu}{2} \left(\frac{\partial u_i}{\partial x_j} + \frac{\partial u_j}{\partial x_i} \right)^2 \tag{9.1}$$

并且是随着 $u(x,t)$ 而起伏变化, 它可能取决于在 Reynolds 数 Re 时的大尺度运动特性。此外, Re 还决定了特征尺度之比 L/l_0, L 为积分尺度 (外尺度), l_0 是 Kolmogorov 尺度 (内尺度), 意味着分子黏性开始起作用。比值 L/l_0 也大致确定了不同尺度涡的层次数目, 为了理解 ε 的概率分布如何影响流场 $u(x,t)$, 可以简单地假定在所考虑的时-空区间 G 内, 能量耗散率 ε 不变, 它的空间尺度要大于 l_0, 时间尺度要大于 τ_{l_0}。再假定 ε 取值为 $\varepsilon_1 = (1-\gamma)\varepsilon$ 的概率与取值为 $\varepsilon_2 = (1+\gamma)\varepsilon$ 的概率各为 $1/2$。那么, 在 G 内的每一域中, 流场 $u(x,t)$ 的概率分布很明显只 G 域内的 ε 值有关, 因此, 速度场的 $2/3$ 和 $-5/3$ 幂率在 G 域内的一个区域将有如下形式

$$D_{LL}(r) = C(1-\gamma)^{2/3}\varepsilon^{2/3}r^{2/3}, \quad E(k) = C_1(1-\gamma)^{2/3}\varepsilon^{2/3}k^{-5/3} \tag{9.2}$$

而在另一个区域则有

$$D_{LL}(r) = C(1+\gamma)^{2/3}\varepsilon^{2/3}r^{2/3}, \quad E(k) = C_1(1+\gamma)^{2/3}\varepsilon^{2/3}k^{-5/3} \tag{9.3}$$

式中的 C 和 C_1, 根据上面所作的假设, 自然是没有能量耗散率起伏的理想情况的系数, 由式 (9.2) 和式 (9.3) 的算术平均值, 可得如下结果

$$D_{LL}(r) = C(\gamma)^{2/3}\varepsilon^{2/3}r^{2/3}, \quad E(k) = C_1(\gamma)^{2/3}\varepsilon^{2/3}k^{-5/3} \tag{9.4}$$

系数 C 和 C_1 的值如下

$$C(\gamma) = C \Big/ 2 \left[(1-\gamma)^{2/3} + (1+\gamma)^{2/3} \right], \quad C_1(\gamma) = C_1 \Big/ 2 \left[(1-\gamma)^{2/3} + (1+\gamma)^{2/3} \right]$$

当 $\gamma = 0$ 时, 相当于能量耗散率 ε 为常数; 当 $\gamma = 2/3$ 时, 以上两种情况下的能量耗散率之比已达到 $\varepsilon_2/\varepsilon_1 = 5$, 引起的误差仅为 6%; 即使令间歇性因数 $\gamma = 0.9$, $\varepsilon_2/\varepsilon_1 = 19$, 引起的误差也只有 13%。

在许多不同类型的湍流统计特性以及能量耗散率任意分布的情况下, 也可以获得类似的结果, 说明 Kolmogorov 的相似假设反映了充分发展湍流的主要特性, 对于随机过程来说, 这样的统计规律在线性近似下, 可以说是相当成功的结果。尽管如此, 从科学的严谨性要求, 必须考虑能量耗散率 ε 的起伏变化对真实湍流局地特性的影响, 也就是说, $\varepsilon(x,t)$ 是一个随机分布函数, 应当在能谱函数和速度差的结构函数中计入它的影响。为此, Obukhov 建议速度差改用下面的表示方式

$$\Delta_r u(x,t) = u(x+r,t) - u(x,t) = u(x_0 + r/2,t) - u(x_0 - r/2,t) \tag{9.5}$$

能量耗散率 ε 是在整个半径 $|\boldsymbol{r}|/2 = r/2$ 的球体积上取平均，球的两个极点是 $(\boldsymbol{x}_0 + \boldsymbol{r}/2)$ 和 $(\boldsymbol{x}_0 - \boldsymbol{r}/2)$，$\varepsilon(x,t)$ 的量值由下式确定

$$\varepsilon_{\boldsymbol{r}}(\boldsymbol{x}_0,t) = \frac{6}{\pi r^3} \int\limits_{|\boldsymbol{r'}| \leqslant r/2} \varepsilon_{\boldsymbol{r}}(\boldsymbol{x}_0 + \boldsymbol{r'},t)\mathrm{d}\boldsymbol{r'} \tag{9.6}$$

Kolmogorov 利用这个表示式引入时间尺度 $T_r = r^{2/3}\varepsilon_{\mathrm{r}}^{-1/3}$ 和速度长度 $U_r = (r\varepsilon_{\mathrm{r}})^{1/3}$，然后，就可以用 r，ε_r 和 ν 确定一个量纲为一的 Reynolds 数

$$Re_r = \frac{U_r r}{\nu} = \frac{r^{4/3}\varepsilon_r^{1/3}}{\nu} = \left(\frac{r}{\eta_r}\right)^{4/3}, \quad \eta_r = \nu^{3/4}\varepsilon_r^{-1/4} \tag{9.7}$$

式 (9.6) 中的 $\varepsilon_r(\boldsymbol{x}_0,t)$ 值由球内某一固定点的 r 值和运动黏性系数 ν 值唯一地确定。Kolmogorov 进一步提出了如下两个修正的相似假设，也就是第三相似假设：

(1) 如果 $r \ll L$，那么，对于如下量纲为一相对速度的条件概率分布，仅与 Re_r 有关，与矢量 $\boldsymbol{\xi}_k$ 的旋转、反射无关。

$$\boldsymbol{w}(\boldsymbol{\xi}_k,\tau_k) = \frac{\boldsymbol{v}(\boldsymbol{\xi}_k r, \tau_k T_r)}{U_r}, \quad k = 1,2,\cdots,n \tag{9.8}$$

式中，序列 $|\boldsymbol{\xi}_k|$ 和 $|\tau_k|$ 以及 Re_r 是 r 处的值。

(2) 如果 $Re_r \gg 1$，$\boldsymbol{w}(\boldsymbol{\xi}_k,\tau_k)$ 的条件概率与 Re_r 无关，是普适的。

根据这两个假设，可以推导出修正的速度相关函数和频谱表示式，如下所示

$$D_{LL}(r) = C(\varepsilon_r r)^{2/3}\tilde{\beta}_{LL} \frac{r^{4/3}\varepsilon_r^{1/3}}{\nu} \tag{9.9}$$

$$D_{LLL}(r) = D\varepsilon_r r \tilde{\beta}_{LLL} \frac{r^{4/3}\varepsilon_r^{1/3}}{\nu} \tag{9.10}$$

$$E(k) = C_1\varepsilon_{1/3}^{2/3}k^{-5/3}\varphi(k^{4/3}\nu\varepsilon_{1/3}^{-1/3}) \tag{9.11}$$

$$E(k) = C_1\varepsilon_{1/3}^{2/3}k^{-5/3}, \quad 1/L \ll k \ll 1/\eta_{1/k} \tag{9.12}$$

我们可以看出，由 Kolmogorov 第一和第二假设得出的线性表示式都保留了下来，这并不奇怪，因为它是充分发展湍流的基本特性的反映，也就是湍流规律的线性框架，必须保留，而且，它的合理性也为一系列实验所证实。修正的部分只是间歇性引起的后果，当能量耗散率为常数时，以上各修正因子均退回为 1。

除了上述修正之外，对能量耗散率 $\varepsilon(x,t)$ 也进行了修正，既然它是随机起伏的变量，有理由假设它具有某种概率分布，Kolmogorov 假定它是对数–正态型的概率分布，即 $\ln\varepsilon(x,t)$，在 Reynolds 数很高时，分布的方差为

$$\sigma_{\ln\varepsilon}^2 \approx A'(x,t) + \mu'\ln(L/\eta) \tag{9.13}$$

式中，η 就是 Kolmogorov 微尺度，也就是内尺度 l_0；$A'(x,t)$ 由流动的大尺度运动参数决定，而 $A(x,t)$ 与流动的宏观结构有关。对于半径为 $r_0/2$ 的球内 r 上的能量耗散率 ε_r 的平均值，假设也服从对数–正态分布，方差是

$$\sigma_{\ln\varepsilon_r}^2 \approx A(x,t) + \mu\ln(L/r) \tag{9.14}$$

这样得出的能量耗散率的幂率指数 τ_q 和 ς_p 分别如下所示

$$\tau_q = \frac{\mu}{2}(q - q^2), \quad \varsigma_p = \frac{p}{3} + \frac{\mu}{18}(3p - p^2) \tag{9.15}$$

我们记得 τ_q 和 ς_p 的关系是 $\varsigma_p = p/3 + \tau_{p/3}$，而 K41 的 $\xi_{p=2} = \frac{2}{3}$，当 $p = 3$ 时，由 K62 的公式 (9.5) 计算时，可得 $\varsigma_{p=2}^{\mathrm{K62}} = \frac{p}{3} + \frac{\mu}{18}(3p - p^2) = \frac{2}{3}$，由此可见，K62 的结果退回到 K41，即 $\varsigma_p \overset{p=3}{\longleftrightarrow} \xi_p$；而 K62 的 ς_p，当 $p = 2$ 时，是 $\varsigma_{p=2}^{\mathrm{K62}} = \frac{p}{3} + \frac{\mu}{18}(3p - p^2) = \frac{2}{3} + \frac{\mu}{9}$，增加了一个修正项 $\frac{2}{3}$。

以上是 1962 年 Kolmogorov 和 Obukhov 针对 Landau 的质疑对 K41 理论所作的修正，仍然具有严格的概率论和随机过程的处理风格，特别是保持从已知的湍流基本特性出发，给出必要的修正。由于在 1962 年那个时期，整个湍流界，其至流体力学界，无论是从实验方面，还是从分析方面，对间歇性现象的了解都是很有限的，就是时至今日，情况也未曾有多大改变，湍流间歇性的空间分布和时间演化仍然缺少真正够格的实验提供理论研究。能量耗散率的空间分布究竟用什么样的概率分布描述更合适，在不同 Reynolds 数下状态有何变化，回答和研讨这些问题都需要更多的实验支持，而这正是当前所缺少的；分形等动力学方法更多的是现象的数学技巧处理，很难展示与湍流实际过程的联系，而不为湍流结构学派欣赏或认同，大概这也是一个原因吧？

与 K41 理论相比，对数–正态分布已经和实验在更高阶矩时符合，需要由实验确定的参数 μ，正是对湍流间歇性尚不清楚的结果。一旦湍流研究者对间歇性有了足够清楚的了解，对能量耗散率提出更合适的概率描述就为期不远了。

Landau 在 1962 年因车祸受伤，无法继续研究工作，不幸于 1968 年去世。或许，他也不想看到他的一个脚注，即使后来变成正文，引起非线性动力学派过度的解读。如果他能看到 K62 理论，就其理论的严谨性和结果而言，可能会感到欣慰吧！

9.3　同步级串模型

与第 6 讲讨论 Richardson 的能量传递过程不同，本节主要论述一种新的湍流能量级串模式。本节内容是根据子波变换对近地层大气湍流资料 (超声风速温度脉

动仪记录资料) 进行分析的结果，发现湍流速度信号的高频分量对能量的级串没有贡献，只有低频分量才真正支配了湍流能量的级串过程。从能谱上发现，若子波变换的时间尺度按 2^j $(j = 1, 2, \cdots)$ 改变，则含能涡按 $(2^j - 1)$ 的方式级串，用不同的子波基函数作变换所得结果是一致的，这是一种新的湍流能量级串模式，体现了湍能的同步级串特性。

1. 大气边界层观测资料

用于后面分析的实际观测资料是用超声温度脉动仪 (SAT-211/3K 3-D) 于 2001 年在北京市东南郊区测得的。由于大气湍流的 Reynolds 数 $Re > 10^6 \sim 10^8$，远高于通常的力学实验中的 Reynolds 数，足可以将大气湍流看成发达湍流的最恰当的范例。根据 N-S 方程的标度不变性，易知当尺度由 l 变到 λl 时，则有 $\delta u_{x_0}(\lambda l) = \lambda^{\alpha(x_0)} \delta u_{x_0}(l)$，$\lambda$ 为尺度而 $\alpha(x_0)$ 为局域尺度指数，它表达了 x_0 处的湍流脉动强度。此处，$\psi(\cdot)$ 为子波基函数，这时 $\delta u_{x_0}(l)$ 在 x_0 附近的子波变换可以表示为

$$W_f(a, x_0 + b) = \frac{1}{\sqrt{a}} \int \delta u_{x_0}(l) \psi\left(\frac{x - x_0 - b}{a}\right) \mathrm{d}x \tag{9.16}$$

式中，a 为伸缩因子，而 b 为平移因子。显然，$W_f(a, x_0 + b)$ 也有自相似性，并与 $\delta u_{x_0}(l)$ 的标度指数相同，即 $W_f(\lambda a, x_0 + \lambda b) = \lambda^{\alpha(x_0)} W_f(a, x_0 + b)$。所以，对 $u(l)$ 进行子波变换并不改变 $u(l)$ 的标度律。据此，可以利用子波变换的正交特性和多分辨分析方法，将实测的近地层大气湍流数据 $u(t)$(垂直速度脉动分量) 按尺度 $a = 2^j$ 分解成基本部分 $P_{j_0} u(t)$ 和细节部分 $Q_j u(t)$，即

$$u(t) = P_{j_0} u(t) + \sum_{j=-\infty}^{j_0} Q_j u(t) \tag{9.17}$$

式中，$P_{j_0} u(t)$ 包含了尺度大于 2^{j_0} 的有关 $u(t)$ 特性的全部信息 (也就是低频成分)；而 $\sum_{j=-\infty}^{j_0} Q_j u(t)$ 只是 $u(t)$ 的尺度小于 2^{j_0} 的一些细节 (也就是高频成分)。这样分解所得到的 $P_{j_0} u(t)$，$\sum_{j=-\infty}^{j_0} Q_j u(t)$ 及其功率谱 PSD(L)(低频部分) 和 PSD(H)(高频部分) 分布如图 9.1 所示。在图 9.1 中 (a)~(f) 相应于 $j = 1$；而 (g) ~ (l) 分别对应于 $j = 1, 2, 3$ 三种情形，子波基函数 $\psi(x)$ 采用 Daubechies 三阶二进子波db3，它是正交紧支集，具有良好的时–频局域特性。

由图 9.1(e)，(g)，(i)，(k) 可以发现，在含能区由外部向大涡注入能量到大涡散裂将能量传输到小涡时，能量的级串主要是低频 (大尺度) 成分，而高频成分 (小尺度，包括宽带噪声) 对能量的级串没有贡献。PSD(L) 能谱曲线清楚地显示

出大涡散裂成小涡的情形, 注意大涡散裂成小涡的个数与分解层次之间的关系为 $N(l) = 2^{j-1} - 1$, 而不是如 Richardson 级串模式所预测的那样为 $N_R(l) = 2^j$, 二者的差别随着 j 的增大而迅速加大。表 9.1 给出了 $j = 1, 2, \cdots, 6$ 时, 湍涡 $N(l)$, $N_R(l)$ 之值以及湍流在三维空间上的湍涡 $(N_R^3(l) - N^3(l))$ 之值, 由于湍流的自由度数目约为 $Re^{9/4}$, 当 $Re = 10^6 - 10^8$ 时, 其值为 $10^{13} \sim 10^{18}$。因此, $N(l)$ 与 $N_R(l)$ 在能量级串中的巨大差别是一个必须考虑的重要因素。

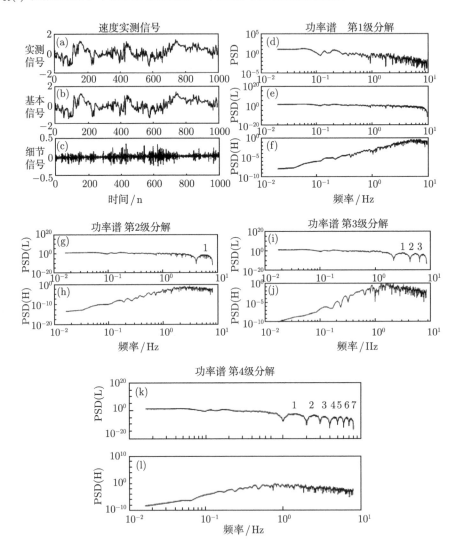

图 9.1　大气边界层湍流 (垂直风速脉动 (a)) 的子波 (db3) 多尺度分解 (b),(c), 功率谱 (d), 以及相应的低频功率谱 PSD(L)(e),(g),(i),(k) 和高频功率谱 PSD(H)(f),(h),(j),(l)[52]

表 9.1 $N(l)$, $N_R(l)$ 以及 $N_R^3(l) - N^3(l)$ 之值

$N(l)$	j					
	1	2	3	4	5	6
$N_R(l) = 2^j$	2	4	8	16	32	64
$N(l) = 2^{j-1} - 1$	0	1	3	7	15	31
$N_R^3(l) - N^3(l)$	8	63	485	3753	29393	232353

为了与 Daubechies 子波 db3 作一比较, 采用双正交子波 bior 5.5 对 $u(t)$ 作同样分解, 其结果与 db3 完全一样, 如图 9.2 所示。只是图 9.2 中没有给出全部曲线, 只给出了 $j = 4$ 时的情形, 大涡散裂成小涡的个数 $N(l)$, 无论采用 db3 还是 bior 5.5 都是一样的, 符合 $N(l) = 2^{j-1} - 1$ 的预测结果。

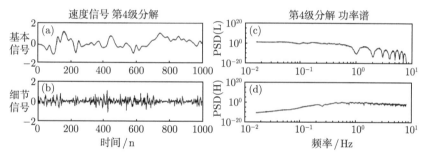

图 9.2 $u(t)$ [图 9.1 中 (a)] 的双正交子波 (bior5.5) 分解: 基本部分 (a), 细节部分 (b) 及其功率谱 (c), (d)。对比 $j = 4$ 的情形, 此处大涡散裂个数 $N(l) = 2^{(j-1)} - 1 = 2^{4-1} - 1 = 7$, 而不是按 Richardson 级串模式 $N_R(l) = 2^j = 2^4 = 16$[52]

2. 大气湍流中新的级串模式

1) 新级串模式的几何表示

根据 $N(l) = 2^{j-1} - 1$, 我们提出了湍流能量级串的一种新的模式, 如图 9.3(a) 所示, 它可以用两种方式构造, 其一是由 Cantor 三分集补集 $\bar{C}$ 构成的, 也就是说, Cantor 三分集 C 与它的补集 $\bar{C}$ 是互补的, 满足如下关系: $C_i \bigcup \bar{C}_i = 1$, $C_i \bigcap \bar{C}_i = 0$, $i = 1, 2, \cdots, n$。而 Cantor 集则是对长度为 1 的线段每次去其中段的 1/3, 留下左、右长度各 1/3 的线段, 再各去其中段的 1/3, 如此重复而得到的, 如图 9.3(a) 所示。其二是首先构造魔鬼阶梯 (Devil's staircase), 将总质量为 1 且均匀分布的线段 [0, 1] 去其中间 1/3 长度, 再将其所含质量重新均匀分布到右、右各 1/3 长度的线段上去, 如此重复, 并以纵轴表示质量, 横轴表示长度, 则质量分布与长度之间的函数关系就是魔鬼阶梯, 如图 9.3(c) 所示。不难看出集 C 与魔鬼阶梯分形之间的联系, 实际上魔鬼阶梯的各阶平台在水平轴上的投影就是 Cantor 集的补集

$\bar{C}$。在图 9.1(e), (g), (i), (k) 上可以清楚地看到,当尺度 $(a = 2^j)$ 按 $j = 1, 2, \cdots, n$ 改变时,由于能量的级串在 PSD(L) 能谱曲线上形成了按尺寸由大到小排列的涡列,其中涡的个数则按 $(2^{j-1} - 1)$ 的方式递增。级串既可以在有限的几步内逐级实现 (图 9.3(b)),也可以通过一步便散裂成各种不同尺度的湍涡系列 (图 9.3(d))。实际上,流体湍流作为非平衡态的复杂的动力学系统,它的能量级串过程就是动力学演化过程,由于存在分子黏性耗散作用,系统最终将会趋向一种最紊乱的随机状态,因此,从外界向含能区注入能量到形成发达湍流,其实并不需要经过 n 次级串过程,而只需要几次级串即可。这是因为大涡经过一次散裂同时形成大、中、小各种尺度的湍涡的概率应远大于 Richardson 级串模式的条件概率,只有达到统计定常的平稳态时,这二者才在统计上等价。这意味着级串是遍历过程,这种情形只有不存在时间上的、空间上的或时-空上的间歇性的情形下才可能发生,但越来越多的实验证实了间歇性的存在,说明实际湍流级串不会遵循这种方式。

顺便指出,补集 $\bar{C}$ 还可以用 Sierpinski 地毯 S 的补集 $\bar{S}$ 和 Menger 分形体 M 的补集 $\bar{M}$ 沿 x 轴线或 y 轴线的横截面得出。

2) 三种主要模式的比较

Richardson 模式、β-模式与同步级串模式之间的比较如图 9.3(e) 所示。容易验证,$N_R(l) = 2^j$ 的级串方式与 Cantor 集 C 是对应的,也就是说对应于某一个 j,级串所产生的涡的个数与集 $\bar{C}$ 中相应于 j 层的元素数目是相等的,因此,Richardson 级串可以用 Cantor 集 $\bar{C}$ 描述,只是这里还体现了级串的间歇性,湍涡并不充满空间。

虽然 β-模式考虑了间歇性的影响,但就某一时刻对某一尺度而言,Richardson 模式与 β-模式都是均匀的,不能反映不同尺度之间的相互作用在形成湍流间歇性中的作用;这里建议的级串模式,说明大、小涡并不充满空间,级串是间歇性的不均匀的。在某一时刻,在每一步级串中,各种不同尺度的涡并存,由于不同尺度之间存在相位上的同步、异步、同相或反相,通过它们之间的非线性相互作用,使得彼此或加强或减弱,造成不同尺度的振幅产生强烈的起伏与消长,形成湍流的间歇性。由此,便给出了湍流间歇性产生的一种可能的机制,加深了我们对湍流间歇性的理解。但当涡的散裂尺度逐渐趋向于 Kolmogorov 分子黏性耗散尺度 l_0(或 η) 时,各种不同尺度的涡将逐渐均匀充满湍流流体所在的物理空间 (但不是完全充满物理空间),这与实际湍流的物理图案是一致的,而集 $\bar{C}$ 正好满足这个要求。

这里要特别指出的是,同步级串模式的物理机制是清楚的,它可以作为一个基本假设独立提出,而不必依赖于某种具体实验的分析结果;当然,具体实验结果具有启发性和可验证性,正如本书所作的那样。

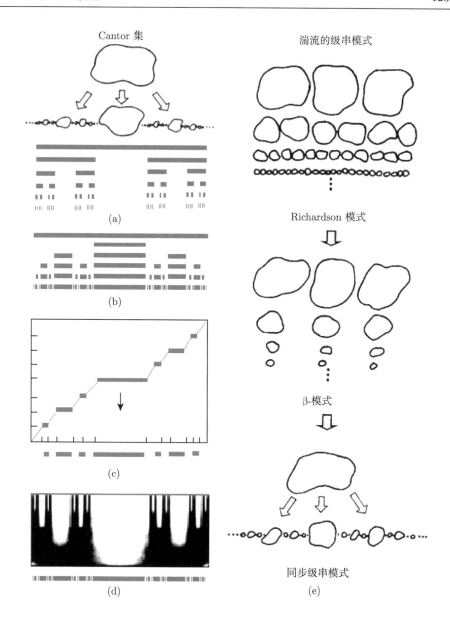

图 9.3 湍流能量级串的一种新模式

(a) Cantor 三分集；(b) Cantor 集的补集 $\bar{C}$；(c) 魔鬼阶梯及其各阶平台在水平轴上的投影，形成集 $\bar{C}$；
(d) 湍流能量级串新模式的一维几何图案，由含能大涡向各种不同尺度 (从 Kolmogorov 积分尺度到分子黏性耗散尺度η) 同步散裂与级串过程的示意图；(e)Richardson 模式，β-模式和同步级串模式之间的比较 [53]

3) 新级串模式的应用实例

作为一个实例，我们将新模式应用到发达湍流层次结构中标度律的研究方面。由于从层流转捩到湍流必然经过多级同步级串，而这种级串是自相似的无穷嵌套结构，如图 9.4 所示。也就是说，湍流任意时刻 (s) 的状态 $(m+k)$ 均可看成前一时刻 (i) 的状态 (m) 经 k 步转移而实现，这一过程可由 Champman-Kolmogorov 方程加以描述

$$p_{ij}^{(k+l)}(m) = \sum_{S \in I} p_{is}^{(k)}(m) p_{sj}^{l}(m+k), \quad i, j \in I \tag{9.18}$$

式中，I 表示整数集。显然，高阶转移概率可以用低阶转移概率表示如下

$$
\begin{cases}
p_{ij}^{(0)}(m) = \delta_{ij} = \begin{cases} 1, & i = j \\ 0, & i \neq j \end{cases} \\
p_{ij}^{(1)}(m) = \sum_{S \in I} p_{is}^{(1)}(m) p_{sj}^{(0)}(m+1) \\
p_{ij}^{(2)}(m) = \sum_{S \in I} p_{is}^{(1)}(m) p_{sj}^{(1)}(m+1) \\
p_{ij}^{(3)}(m) = \sum_{S \in I} p_{is}^{(1)}(m) p_{sj}^{(2)}(m+1) \\
\quad \cdots\cdots \\
p_{ij}^{(n)}(m) = \sum_{S \in I} p_{is}^{(1)}(m) p_{sj}^{(n-1)}(m+1)
\end{cases}
\tag{9.19}
$$

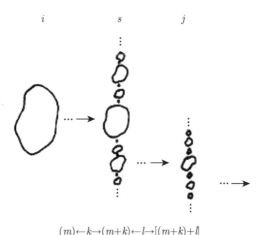

$$(m) \leftarrow k \rightarrow (m+k) \leftarrow l \rightarrow [(m+k)+l]$$

图 9.4　同步级串的嵌套结构 [52]

在式 (9.18) 中令 $k = l = 1$，其一步转移过程就对应于同步级串模式，因为 $S \in I$（I 为整数集）就代表了在同步级串中，各种不同尺度的涡同时并存的情形（只有这

样，才能实现多尺度涡间的非线性相互作用)。

根据上述表示式不难得出 (n) 阶迭代公式

$$p_{ij}^{(n)} = p_{sj}^{(n-1)}(p_{is}^{(l)}) \tag{9.20}$$

这样，我们就可以将同步级串中某一尺度 l 的湍流耗散率 ε_l 用转移概率表示如下

$$\varepsilon_l^{(1)} = A_\varepsilon p_{ij}^{(l)} \varepsilon_{l_0} \propto p^{(1)} \varepsilon_{l_0} \tag{9.21}$$

上式的实际物理过程如图 9.5 所示。

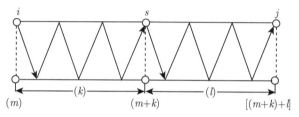

图 9.5　状态转移概率示意图 [52]

根据概率的几何测度定义可知，p_{ij}、p_{is} 和 p_{sj} 均依赖于尺度 l_i、l_s 和 l_j 之间的长度比，因此，根据图 9.3(b)、(d) 可以看出，由于具有不同尺度 (l_i) 的大、中、小涡的数目 $N(l_i)$ 各不相同，与它们对应的转移概率 $p(l_i/l_0)$ 应具有不同的权重。事实上，级串中各转移概率 $p(l_i/l_0)$ 是独立同分布随机函数，空间间隙性的自相似结构对 $p(l_i/l_0)$ 的作用是相同的，它表示图 9.3(b) 上的含能元素 (即线段) 与间隙之比均为 $\beta = 2/3$。

其次，根据 Beizi 等从实验测量中得出的一个重要结果，即湍流的扩展的自相似性 (ESS；GESS)，可以将 ε_l 的 q 阶矩表示成如下迭代形式

$$\langle \varepsilon_l^{(q)} \rangle = A_\varepsilon \langle \varepsilon_l^{(q-1)} \rangle^\beta \propto \langle \varepsilon_l^{(1)} \rangle^{-\beta^{(q-1)}} \tag{9.22}$$

式中，β 是与间歇性有关的一个待定参数。其实，在自然界中，能量的级串或传递过程一般遵从能量随时间 (t) 或距离 (l) 按指数衰减的规律，从速度结构函数 δu 的 ESS、GESS 转变为能量耗散率 ε 的表达式 (9.22) 是一件很自然的事，β 前的负号就表示了级串过程能量衰减的特性。由此可得如下结果

$$\begin{aligned}
\langle \varepsilon_l^{(q)} \rangle &= A_\varepsilon^{(q)} \varepsilon_{l_0}^{(q)} \cdot p^{(1)} \cdot p^{(2)} \cdot p^{(3)} \cdots p^{(q-1)} \cdot p_l^q \\
&\propto (\varepsilon_{l_0}^{(1)} p^{(1)})(\varepsilon_{l_0}^{(1)} p^{(2)}) \cdots (\varepsilon_{l_0}^{(1)} p^{(q-1)})(\varepsilon_{l_0}^{(1)} p_l^q) \\
&= \varepsilon_l^{(1)} \cdot \varepsilon_l^{(2)} \cdot \varepsilon_l^{(3)} \cdots \varepsilon_l^{(q-1)} \cdot \varepsilon_l^{(q)} \\
&= \left\{ \varepsilon_l^{-[\beta^{(q-1)} + \beta^{(q-2)} + \cdots \beta^{(1)} + \beta^{(0)}]} \right\} \varepsilon_l^q
\end{aligned}$$

$$=\varepsilon_l^{q\frac{1-\beta^q}{1-\beta}}=\left[\left(\frac{l}{l_0}\right)^{-\gamma}\right]^{q\frac{1-\beta^q}{1-\beta}}$$

$$\propto l^{-\gamma\left(q\frac{1-\beta^q}{1-\beta}\right)} \tag{9.23}$$

用 $\varsigma_l^\varepsilon(q)$ 表示能量耗散率 ε 的标度指数，则有

$$\varsigma_l^\varepsilon(q)=-\gamma\left(q\frac{1-\beta^q}{1-\beta}\right)=-\gamma q+\frac{\gamma}{1-\beta}(1-\beta^q) \tag{9.24}$$

式中，待定参数按下述方法确定：由于大涡散裂过程只能在实际的物理空间中实现，也就是说，必须扣除间隙性 β 和自相似分形结构维数 D_q 的影响。$(1-\beta^q)$ 是扣除间隙性之后的空间大小，在三维情况下，$(3-D_q)$ 就是大涡散裂的实际维数或余维数，那么 $(3-D_q)(1-\beta^q)$ 则是 $(3-D_q)$ 维中的真实物理空间的大小。前面曾指出，大涡并不充满空间，而只是其中的一部分，记为 γq。以上各因素共同决定了湍流的能量级串过程，根据待定参数物理意义的分析，可以将式 (9.24) 改写为

$$\varsigma_l^\varepsilon(q)=\gamma q+(3-D_q)(1-\beta^q) \tag{9.25}$$

在图 9.3(a) 中，尺度每缩小 1/3，则需要将其局部放大 3 倍才能与整个图形相似，因而分数维 $D_q=1$，这一点与一般的分形图形的维数的确有所不同，需特别注意；也可以从重正化群方程得出 $D_q=1$ 的相同结果，用 $g(x)$ 表示Cantor 集 C 的补集 $\bar{C}$，α 是伸缩尺度，图 9.3(b) 满足 $g(x)=-ag\left(g\left(-\frac{x}{a}\right)\right)$，由于图 9.3(b) 是左、右对称的，该方程也可表示成 $g(x)=ag\left(g\left(\frac{x}{a}\right)\right)$，只有当 $a=3$ 时方程才成立，由此可得 $a=\gamma=3$。

由于湍流标度律必须满足 Kolmorogov K41 理论得出的初始条件 $\varsigma_l^\varepsilon(1)=0$，这时，根据式 (9.24)，当 $\varsigma_l^\varepsilon(1)=0$ 时，有 $\beta=2/3$；再由 $\gamma=-(3-D_q)(1-\beta^q)=-2/3$，可得

$$\varsigma_l^\varepsilon(q)=\gamma q+(3-D_q)(1-\beta^q)=-\frac{2}{3}q+\left[1-\left(\frac{2}{3}\right)^q\right] \tag{9.26}$$

再由关系式 $\varsigma_l^u(p)=p/3+\varsigma_l^\varepsilon(p/3)$，可以很容易确定速度结构函数的标度律的表示式。因为 S-L 模型是一个很好的湍流标度律模型，已得到大量实验的验证，因此它可以作为新的湍流级串模式的直接证明。不过这里需要指出的是，在其他湍流标度律模型中所作的若干假设，在本模式中则是不需要的。根据图 9.3(b)、(d) 可以看出，$\varsigma_l^\varepsilon(q)$ 由三部分组成，$\varsigma_l^\varepsilon(q)=\varsigma_l(q)+\varsigma_2(q)+\varsigma_3(q)$，其中 $\varsigma_l(q)=-\frac{2}{3}$，表示大涡在散裂之初所占据的实际物理空间的大小，即局域贡献；$\varsigma_2(q)=2$，表示 ε 能量级

串的物理空间的余维数；$\varsigma_3(q) = 1 - \left(\dfrac{2}{3}\right)^q$ 则表示能量级串时 ε 的间歇结构。

这里需要强调指出的是，确定参数的方法所依据的物理意义是非常明显的，式 (9.20) 清楚地表达了这样一种思路，即湍流级串图案是敏感初条件的，是由基态 (也就是一步转移概率 p_{is}^l) 决定的，符合因果律。

4) 简单的结论

外界入注能量，流动从层流向湍流转捩并形成发达湍流的过程，是像 Richardson 级串模式所预测的那样，大涡散裂成中涡，中涡再散裂成小涡的一系列级串过程，还是并不需要多级级串过程，而只需要一步级串，即含能大涡经过一步便同时散裂成大、中、小、微各种尺度的涡？这是一个极其重要的问题，如果湍流中不存在时间上的、空间上的或时-空上的间歇性，当流动达到统计定常的平稳态时，上述两种级串模式才在统计上等价，这意味着能量级串是遍历过程。而现在所关注的是存在间歇性的情况下，这二者是否还可以看成统计上等价的？

实质上，Richardson 级串模式不能反映从层流向湍流转捩过程是从有序到无序的演化过程，即熵增加过程，尽管 Boltzmann 是从孤立系统提出他的最大熵原理的 ($S = k \ln W$，S 表示熵，k 为 Boltzmann 常量，W 为随机状态数)，但是作为耗散的非平衡态动力系统，它的演化过程将是沿着熵趋于极大的途径进行的。因此，从外界向含能区注入能量到形成发达湍流，其实并不需要经过 n 次有序的级串过程，正如一块玻璃被摔碎时，最可能的情形是破碎成各种不同尺寸的碎块，换句话说，是最可能出现的最紊乱的图案，在吹肥皂泡的实验中已是司空见惯的现象。含能涡只需一次散裂同时形成大、中、小、微各种尺度的湍涡的概率应远大于 Richardson 级串模式的条件概率。

当不同模型给出的标度律在高阶矩下与实验结果相符时，如何进一步判断哪一个模型与实际湍流的物理图像更接近呢？这种"殊途同归"的背后是否隐藏着更深刻的物理意义？我们现在只能说，同步级串模式具有优美的几何结构和直观清晰的物理意义，它反映了湍流能量级串过程中的非均匀性、间歇性和分形特性以及有限的级串步骤。因此，对于探索湍流能量级串的真实的物理图像及其标度律是有重要意义的。

第 10 讲 　自然界的风洞 —— 大气湍流

我们知道, Kolmogorov 有两位学生, 一位是 A . N. Obukhov 院士, 另一位是 A. S. Monin 院士, 前者研究大气湍流, 时任莫斯科大气物理研究所所长; 后者研究海洋流体力学, 时任海洋研究所所长。如果三者构成一个正三角形, 无疑, Kolmogorov 位居顶角, 他提出和建立了湍流的统计理论。现在, 本书的最后一讲就是大气湍流, 它比流体湍流更为复杂, 尽管也把大气称为流体, 可实际上它有许多特定的内容和特点, 就其难度和广度而言, 位居顶点, 毫不为过。

本讲主要涉及四方面的问题, 这就是: ① 大气系统的特征; ② 大气湍流方程组; ③ 大气边界层和近地层; ④ 湍流数据的分析方法。

10.1 　大气系统的特征

近年来, 在地球科学领域中, 在长期探索研究和实验观测的基础上, 在非线性科学迅速发展的重大概念和方法的影响下, 开始逐渐认识到大气系统是一个高度不均匀的强非线性的、具有耗散结构和演化特性的复杂系统, 非线性是其复杂性的根源。

大气系统中发生着多种多样的包括物质、动量和能量在内的转化过程, 转化的时间尺度和空间尺度都跨越了多个数量级, 表现出强、中、弱等各种复杂的非线性动力学过程。如果用完整的动力学模型来描述, 则有如下形式

$$F_i\left(\psi_j; C_a; t, \frac{\mathrm{d}\psi_j}{\mathrm{d}t}, \frac{\mathrm{d}^2\psi_j}{\mathrm{d}t^2}, \cdots; x_i; \frac{\partial\psi_j}{\partial x_l}, \frac{\partial^2\psi_j}{\partial x_l\partial x_m}, \cdots; \int\psi_j\mathrm{d}x_l, \cdots\right) = 0 \qquad (10.1)$$

式中

$$1 \leqslant i \leqslant n; \quad 1 \leqslant l, m \leqslant N; \quad 1 \leqslant a \leqslant k \qquad (10.2)$$

变量 x_i 和 t 分别表示空间坐标和时间坐标, 在 R^N 空间内方程的解 ψ_j 就完全描述了动力学系统的状态, k 个参量 C_a 的变化可以影响和控制解 ψ_j 的定性特性, 因此 C_a 通常称为控制参量。

模型 (10.1) 的直接求解, 是一件当前乃至今后很长时期内科学水平和人类知识都无法实现的任务。可以预计, 当 $N \to \infty$ 时, 它可以描述任何一种复杂的对象及其演化过程。从宇宙天体到我们生活在其中的地球大气—海洋—生态—环境耦合系统, 阿波罗宇航器拍摄的地球可见图片 (图 10.1), 可以看成是方程 (10.1) 描述的一个真实存在的自然系统——复杂的地球系统。经过几代科学家的努力, 分别

在若干专题的研究和模型的求解方面取得了成绩，对大气系统的认识也获得了长足的进展。研究中所遵循的途径是对模型 (10.1) 作出合理的简化，利用科学与技术已经具备的能力进行具体的研究。

图 10.1　地球系统动态图片 (由美国宇航局 Apollo-17 宇航器于 1972 年拍摄)，可以看到单个的云团，大洋，洲际分界到行星本身巨大的运动尺度范围。随着计算技术的发展，计算能力的提高和计算方法的进步，已经可以将地球系统，按照物理参量的不同，分成大气圈、水圈、岩石圈 (包括地幔与地核)、冰雪圈和生物圈，分别建立模型，在高度和深度上分层；在覆盖范围上分为局地、区域和全球模式 (具有不同的时空分辨率)，并将这些模式耦合起来，形成一个地球数值模拟平台，就如同局域网和互联网，在结构设计上，具有模块化、分布式和容错性，为气候、环境和生态的预报和仿真研究提供一个不断更新和完善的实验装置

首先假定式 (10.1) 既不包含积分项，也不包含偏微分项和空间坐标项，则有

$$F_i = F_i\left(\psi_j; C_a; t, \frac{\mathrm{d}\psi_j}{\mathrm{d}t}, \frac{\mathrm{d}^2\psi_j}{\mathrm{d}t^2}, \cdots\right) = 0 \tag{10.3}$$

如果不考虑高于一阶的时间导数，将系统的状态变量随时间的变化写成显式

$$F_i = \frac{\mathrm{d}\psi_j}{\mathrm{d}t} - f_i(\psi_j; C_a; t) \tag{10.4}$$

令 $F_i = 0$，就得到 "动力学系统"。从 Rossby 开创的大气动力学研究以来，都是根据能量守恒、质量守恒、(角) 动量守恒等约束条件和初边值约束来建立具体的大气运动方程，有时也增加熵关系和本构方程，使式 (10.4) 更容易求解，这是大气系统动力学研究的常规方式。如果假设式 (10.4) 中 f_i 的不显含时间 t，就得到 "自治的动力学系统"

$$\frac{\mathrm{d}\psi_j}{\mathrm{d}t} = f_i(\psi_j; C_a) \tag{10.5}$$

Lorenz 正是从 Saltzman(1962 年) 研究 Benard 热对流的模型

$$\begin{cases} \dfrac{\partial \nabla^2\psi}{\partial t} + \dfrac{\partial(\psi, \nabla^2\psi)}{\partial(x,z)} - V\nabla^2\psi - ga\dfrac{\partial\theta}{\partial x} = 0 \\ \dfrac{\partial\theta}{\partial t} + \dfrac{\partial(\psi,\theta)}{\partial(x,z)} - \dfrac{\Delta t}{H}\dfrac{\partial\psi}{\partial x} - k\nabla^2\theta = 0 \end{cases} \tag{10.6}$$

作简化处理而得到式 (7.19) 那样简单的自治的大气动力学模型

$$\begin{cases} \dfrac{\mathrm{d}x}{\mathrm{d}t} = -\sigma(x-y) \\ \dfrac{\mathrm{d}y}{\mathrm{d}t} = -xz + rx - y \\ \dfrac{\mathrm{d}z}{\mathrm{d}t} = xy - bz \end{cases} \tag{7.19}$$

两式的繁简程度可以一目了然。然后就可以利用当时的计算机硬件能力进行数值积分求解，终于获得了状态变量 x, y, z 随时间演化的长期行为，开创了动力学研究的新时代——混沌动力学时代。

如果 f_i 能从势函数导出

$$f_i = \frac{\partial V(\psi_i; C_a)}{\partial \psi_i} \tag{10.7}$$

那么，式 (10.4) 就可以简化为梯度动力学系统

$$F_i = \frac{\mathrm{d}\psi_j}{\mathrm{d}t} + \frac{\partial V(\psi_i; C_a)}{\partial \psi_i} \tag{10.8}$$

或者

$$\psi = -\nabla_\psi V \tag{10.9}$$

研究系统的动力学的结构稳定性，考察系统在临界点的性态和突变机制，能获得对整个系统十分重要的信息，这时可以令 $\psi = 0$，得到系统的平衡方程

$$\frac{\partial V(\psi_j; C_a)}{\partial \psi_j} = 0 \tag{10.10}$$

研究势函数 $V(\psi_j; C_a)$ 的平衡点 $\psi_j(C_a)$ 随控制参数 C_a 而变化的规律以及 $V(\psi_j; C_a)$ 与 ψ_j, C_a 之间的关系，具有重要意义。J. G. Charney 在研究阻塞高压 (1979 年) 和斜压情形 (1980 年) 下的大气性态时，正是沿着上述思路发现了大气系统的多重平衡态现象和系统状态的突变，显示了非线性因素在形成大气系统动力学复杂性方面的重要作用。

实际的大气是处于 Coriolis 力场和重力场作用下的湍流运动状态，它也遵从 N-S 方程

$$\frac{\partial u_i}{\partial t} + u_j \frac{\partial u_i}{\partial x_j} = -\frac{1}{\rho}\frac{\partial p}{\partial x_i} + \nu \frac{\partial^2 u_i}{\partial x_j \partial x_j} + f_i \tag{10.11}$$

式中，f_i 表示外力作用 (Coriolis 力和重力)，与 u_i 无关。我们已经知道，方程 (10.11) 其实就是在连续介质假定下，用统计平均的方法建立的流体质点运动方程，也就是牛顿第二定律在不可压缩流体中的具体应用，因而具有普适性。当然，它也是模型

(10.1) 的一种简化形式，只要在该模型中保留 $\dfrac{\mathrm{d}\psi_j}{\mathrm{d}t}$, $\dfrac{\partial\psi_j}{\partial x_l}$, $\dfrac{\partial^2\psi_j}{\partial x_l\partial x_m}$ 各项，就可以按下式

$$F_i\left(C_a;t,\psi_i;\frac{\mathrm{d}\psi_j}{\mathrm{d}t};\frac{\partial\psi_j}{\partial x_l},\frac{\partial^2\psi_j}{\partial x_l\partial x_m}\right)=0 \tag{10.12}$$

获得 N-S 方程，但是要比式 (10.4)、式 (10.5) 及式 (10.8) 复杂得多。20 世纪 40 年代，L. Landau 是从时间域中提出系统的状态 ψ_j(即 u_j) 随控制参数 C_a(就是 Reynolds 数 Re) 连续改变，运动相继失稳出现分岔序列而导致湍流的形成。尽管 20 年后用激光多普勒 (Doppler) 技术测出的分岔过程不完全遵循 Landau 的模式，但是，运动失稳出现分岔序列的基本概念具有重要的科学意义。几乎是同时，Kolmogorov 则是从频率域入手，提出系统状态 ψ_j 随着控制参数 C_a 的增大，能量从大涡级串到小涡而耗散，建立了均匀各向同性湍流的统计理论，得出结构函数的 2/3 方幂率和能谱的 (−5/3) 方幂率，体现了数学内在的美。当 $\nu=0$，即无黏性流体情况下，由式 (10.11) 可以导出如下 KdV 方程

$$\frac{\partial u}{\partial t}-6u\frac{\partial u}{\partial x}+\frac{\partial^3 u}{\partial x^3}=0 \tag{10.13}$$

可以说，KdV 方程是湍流动力学 N-S 方程 (10.11) 的特例，由此可以说，在湍流的大尺度拟序结构中，必然会出现孤立子湍流结构，因此孤立子和混沌是湍流的两种共存的表现形式。

　　湍流是大气系统复杂现象的集中体现，大气动力学的研究自然以方程 (10.11) 为基础，由于大气系统本身的空间尺度从 2mm 量级扩展到 1000km 量级，时间尺度也跨越时、天、年、百年等多个量级，大气又处于湍流状态，这就给研究大气湍流带来许多比流体湍流更多更大的困难。初涉大气湍流领域的研究人员，要特别注意时空尺度问题。

10.2　大气湍流方程组

　　首先，大气由于受地球自转的影响，湍流的动力学方程中应当包括 Coriolis 力的作用；其次，随着高度的增加，大气密度变化而形成层结，产生所谓的重力波。所以，在大气系统中，既有切变不稳定导致的剪切湍流，也有浮力造成的上下热对流不稳定引起的向湍流的过渡。虽然大气始终处于湍流状态，但是，对于湍流的研究，却主要集中于边界层范围以内，以湍流的扩散机制为主，带有很强的应用目的。这时，空间尺度恰好处于能谱曲线的中段，即所谓的惯性副区，而特征时间一般在几分钟，因而可以在局地均匀各向同性近似下，通过 Kolmogorov 理论来解决发生在这一时空尺度范围内的各种问题和现象。

具体说来, 大气湍流研究涉及的主要内容包括风场、温度场、气压场、湿度、物质 (水汽) 和能量交换等内容。下面将分别讨论风场、温度场、气压场中与一般流体湍流不同的特点。在采用直角坐标系时, 地球的纬向风记为 u, 经向风记为 v, 而垂直于 u-v 平面, 也就是 z 方向的风记为 w。

首先讨论 Coriolis 力的影响。由于考虑到地球大气系统受 Coriolis 力的作用, 所以在水平坐标中应当计入 Coriolis 力的影响; 同时, 又受重力的作用, 还需要考虑物性参量随高度而变化, 具有分层的特点, 因而在垂直坐标中应考虑层结这个因素; 垂直风场虽然不受 Coriolis 力的影响 (影响微乎其微, 一般忽略不计), 但必须考虑重力的影响, 这样一来, 应用于大气系统的 N-S 方程, 或如下式所示的矢量形式

$$\frac{\partial \boldsymbol{u}}{\partial t} + \boldsymbol{u} \cdot \nabla \boldsymbol{u} = -\frac{1}{\rho} \nabla p - \boldsymbol{g} - 2\boldsymbol{\Omega} \times \boldsymbol{u} + \nu \Delta \boldsymbol{u} \tag{10.14}$$

或表示为分量形式

$$\frac{\partial u_i}{\partial t} + u_j \frac{\partial u_i}{\partial x_j} = -\frac{1}{\rho} \frac{\partial p}{\partial x_i} - g\delta_{i3} - 2\varepsilon_{ijk}\omega \times u_k + \nu \frac{\partial^2 u_i}{\partial x_j \partial x_j} \tag{10.15}$$

在式 (10.14) 中, $2\boldsymbol{\Omega} \times \boldsymbol{u}$ 表示 Coriolis 力, 三个分量分别为: $0, \omega\cos\varphi, \omega\sin\varphi$。在式 (10.15) 中, 用 $2\varepsilon_{ijk}\omega \times u_k$ 表示 Coriolis 力 $2\omega \times u_i$ 的影响, 若记为 f, 则有 $f = 2\omega\sin\varphi$, φ 是 Coriolis 力的参数, 对应于研究的局部区域的地理纬度, 在坐标轴 x 方向, 其影响为 $fv = 2\omega v\sin\varphi$; 在坐标轴 y 方向则为 $-fu = -2\omega u\sin\varphi$。重力加速度 g 一般不能忽略, 它是在垂直方向形成大气层结的主要因素, 式 (10.15) 中用 $g\delta_{i3}$ 表示 (当 $i = 3$ 时, $\delta_{i3} = 1$, 其他为 0)。在大气系统中, 当 Coriolis 力与气压梯度力相平衡时, 就会形成常见的地转风, 即

$$\begin{cases} -\dfrac{1}{\rho} \dfrac{\partial p}{\partial x} + f\boldsymbol{v} = 0 \\ -\dfrac{1}{\rho} \dfrac{\partial p}{\partial y} - f\boldsymbol{u} = 0 \end{cases} \tag{10.16}$$

其次, 讨论重力的影响。重力形成大气层结, 而层结的影响具体体现在温度、密度、垂直方向的对流等方面。在大气中, 温度这个标量随高度和大气状态而变化, 因此需要一个参考温度高度, 通常以干空气 (湿度为零) 气团上升或下降到气压为 1000hPa 的高度为准, 这时气团的温度称为 "位温"θ, 并由绝对温度 T 和气压 p 共同决定, 即 $\theta = T (1000/p)^{R/C_p}$, 其中 R 和 C_p 是热力学参数 (前者是气体常数, 后者是定压比容), θ 也和含有水汽的 "虚位温" 有一定的差别, 一般就不再去区分了。

重力对大气密度等参量的影响主要在坐标轴 z 方向体现出来, 可以分成平均值和脉动值两部分, 如下所示: $\rho = \bar{\rho}(z)+\rho'$, $p = \bar{p}(z)+p'$, $T = \bar{T}(z) + T'$, $\theta = \bar{\theta}(z)+\theta'$;

而气压、密度和重力之间的关系是 $\partial \bar{p} / \partial z = -\bar{\rho} g$。在计入运动黏性 ν 时,可得气压梯度力、垂直方向的惯性力和重力之间的关系

$$[\bar{\rho}(z) + \rho'] \frac{\mathrm{D}\boldsymbol{w}}{\mathrm{D}t} = -\frac{\partial [\bar{p}(z) + p']}{\partial z} - g[\bar{\rho}(z) + \rho'] + [\bar{\rho}(z) + \rho']\nu\Delta\boldsymbol{w} \tag{10.17}$$

实际处理上述关系时,都无例外地采用 Boussinesq 近似,略去 $\rho' \dfrac{\mathrm{D}\boldsymbol{w}}{\mathrm{D}t}$ 项而保留 $\rho' g$ 项,这样处理的根据何在?很显然,即使存在层结,大气在有限厚度的层结中密度的些许变化,对于惯性力的影响是微乎其微的,忽略它自然是可行的;反之,大气密度的这些许变化对于层结中本来稀疏的大气而言就是可观的变化,它对气体的升降产生的作用是明显的,浮力正是大气系统的一个重要特性,当然不可忽略。Boussinesq 在建立湍流半经验的混合长理论时的遗憾,在这里得到了补偿。现在,就可以得到对 N-S 方程简化而实用的、z 方向的动力学方程

$$\frac{\mathrm{D}w}{\mathrm{D}t} = -\frac{1}{\bar{\rho}}\frac{\partial p'}{\partial z} - \frac{\rho'}{\bar{\rho}}g + \nu\Delta w \tag{10.18}$$

现在可以直观地得知,大气中温度增量与密度增量正好相反,就是 $\theta'/\bar{\theta} = -\rho'/\bar{\rho}$,由此引入一个有关的热力学方程

$$\frac{\mathrm{d}}{\mathrm{d}t}\left(\frac{\theta}{\bar{\theta}}\right) = -\frac{N^2}{g}w + \kappa\Delta\left(\frac{\theta}{\bar{\theta}}\right) \tag{10.19}$$

其中,N 是 Brunt 频率。这样,由 N-S 方程的三个分量、连续性方程和上述热力学方程,我们就有了 5 个方程,组成了大气系统的完整的基本动力学方程组,其中 $\dfrac{\mathrm{D}u}{\mathrm{D}t} = \dfrac{\partial u}{\partial t} + u\dfrac{\partial u}{\partial x} + v\dfrac{\partial u}{\partial y} + w\dfrac{\partial u}{\partial z}$,$v$ 和 w 与此相同。

$$\begin{cases} \dfrac{\mathrm{D}u}{\mathrm{D}t} = -\dfrac{\partial}{\partial x}\left(\dfrac{p}{\bar{\rho}}\right) + fv + \nu\Delta u \\[2mm] \dfrac{\mathrm{D}v}{\mathrm{D}t} = -\dfrac{\partial}{\partial x}\left(\dfrac{p}{\bar{\rho}}\right) + fu + \nu\Delta v \\[2mm] \dfrac{\mathrm{D}w}{\mathrm{D}t} = -\dfrac{\partial}{\partial x}\left(\dfrac{p}{\bar{\rho}}\right) + \dfrac{\theta}{\bar{\theta}}g + \nu\Delta w \\[2mm] \dfrac{\mathrm{d}}{\mathrm{d}t}\left(\dfrac{\theta}{\bar{\theta}}\right) = -\dfrac{N^2}{g}w + \kappa\Delta\left(\dfrac{\theta}{\bar{\theta}}\right) \\[2mm] \dfrac{\partial u}{\partial x} + \dfrac{\partial v}{\partial y} + \dfrac{\partial w}{\partial z} = 0 \end{cases} \tag{10.20}$$

将此方程无量纲化,也就是用相应的量纲除以对应的变量即可 (表 10.1)。

表 10.1

变量	(x, y)	z	(u, v)	w	t	$\rho'/\bar{\rho}$	$\theta/\bar{\theta}$
量纲	L	H	U	HU/L	L/U	U^2	U^2/gH

无量纲的大气湍流方程如下

$$\begin{cases} \dfrac{\mathrm{D}u}{\mathrm{D}t} = -\dfrac{\partial p}{\partial x} + \dfrac{v}{Ro} + \dfrac{1}{Re}\left(\dfrac{\partial^2 u}{\partial x^2} + \dfrac{\partial^2 u}{\partial y^2} + \dfrac{1}{\beta^2}\dfrac{\partial^2 u}{\partial z^2}\right) \\[2ex] \dfrac{\mathrm{D}v}{\mathrm{D}t} = -\dfrac{\partial p}{\partial y} + \dfrac{u}{Ro} + \dfrac{1}{Re}\left(\dfrac{\partial^2 v}{\partial x^2} + \dfrac{\partial^2 v}{\partial y^2} + \dfrac{1}{\beta^2}\dfrac{\partial^2 v}{\partial z^2}\right) \\[2ex] \beta^2\dfrac{\mathrm{D}w}{\mathrm{D}t} = -\dfrac{\partial p}{\partial z} + \theta + \dfrac{\beta^2}{Re}\left(\dfrac{\partial^2 w}{\partial x^2} + \dfrac{\partial^2 w}{\partial y^2} + \dfrac{1}{\beta^2}\dfrac{\partial^2 w}{\partial z^2}\right) \\[2ex] \dfrac{\mathrm{d}\theta}{\mathrm{d}z} = -R_i w + \dfrac{1}{Pr \cdot Re}\left(\dfrac{\partial^2 \theta}{\partial x^2} + \dfrac{\partial^2 \theta}{\partial y^2} + \dfrac{1}{\beta^2}\dfrac{\partial^2 \theta}{\partial z^2}\right) \\[2ex] \dfrac{\partial u}{\partial x} + \dfrac{\partial v}{\partial y} + \dfrac{\partial w}{\partial z} = 0 \end{cases} \tag{10.21}$$

由方程 (10.2) 得出五个量纲为一的特征数。① 长度比：$\beta = \dfrac{H}{L}$；② Reynolds 数：$Re = \dfrac{UL}{\nu}$；③ Richardson 数：$Ri = \dfrac{N^2}{(\partial\bar{u}/\partial z)^2}$；④ Prandtl 数：$Pr = \dfrac{\nu}{\kappa}$；⑤ Rossby 数：$Ro = \dfrac{U}{fL}$。一般流体力学主要是用 Reynolds 数 Re 作为流体是否出现湍流的判据；但是，在大气系统，湍流问题的研究要用到 Re 数，研究层结的热对流，要用到 Ri 数；讨论大尺度涡旋自然要用到 Ro 数，长度比 β 一般取值为 1。下面将对这五个特征数作一概括说明，它们基本上反映了大气系统动力学的主要特性。

首先是 Reynolds 数 Re，前面已经一再遇到这个特征数，它是惯性力与黏性力之比，惯性力中的切应力是驱动湍流发展的主要因素，流体的黏性力则是阻止湍流发展的基本因素，该比值反映了这两者的强弱，Re 数越大，就越容易发生湍流，大气的运动黏性为 $1.513 \times 10^{-5}\mathrm{m}^2/\mathrm{s}$，即使大气的特征速度在米量级，特征尺度在百米量级，那么 Re 数已经超过 10^6，说明大气系统处于湍流状态是它的常态。

其次是 Richardson 数 Ri，大气系统与一般流体不同的特点之一是密度随高度而变化，形成分层的特点，上升和下降运动与大气状态有关，也就是和大气状态的稳定性有关，这里的稳定性是就大气层结的稳定性而言的。既然大气系统处于湍流状态是其常态，那么状态的稳定性意味着什么呢？实际上，大气垂直运动与大气所处环境密切相关，白天和夜晚温差很大，大气状态也随着发生很大变化，而且随着高度的不同，变化程度也不一样。一般地，以地表算起，到对流层顶，温度随高度的增加而降低，数值为 $0.6 \sim 0.7\,°\mathrm{C}/100\mathrm{m}$ (对于干空气，这个数值为 $0.98°\mathrm{C}/100\mathrm{m}$)，这是一个可观的变化，而且有逆温层存在 (就是温度随高度而增加的一段厚度)，如果将温度作为水平坐标，将高度作为垂直坐标，画出温度随高度变化的曲线，就称之为温度廓线。在低层大气中，廓线是很常用的一种变量与参数之间关系的表示方法。正因为温度的变化比较复杂，因此，对流的情况除了常用的 Richardson 数 Ri

的表示式之外, 还有其他表示式, 如通量 Richardson 数 Ri, 梯度 Richardson 数 Ri 和整体 Richardson 数 Ri 等。不过它的基本物理意义就是浮力与切应力之比, 也就是热通量与机械湍流之比。为了看清这一点, 可以给出 Richardson 数 Ri 的另一种更为直观的表示式: $Ri = -\dfrac{g(\mathrm{d}\bar{\rho}/\mathrm{d}z)}{\bar{\rho}(\mathrm{d}U/\mathrm{d}z)^2}$, $\mathrm{d}U/\mathrm{d}z$ 和 $\mathrm{d}\bar{\rho}/\mathrm{d}z$ 这两个梯度相互对抗, 速度梯度通过惯性力起作用, 密度梯度通过浮力起作用。当 $0 < Ri$ 时, 层结不稳定 (白天), 浮力成为湍流的驱动力; 当 $Ri > 0$ 时, 层结稳定 (夜晚), 内能 (热能) 不能释放, 剪切应力抑制湍流的发展, 浮力也引起湍流能量的损失, 热对流湍流减弱; 当 $Ri = 0$ 时, 大气层结处于中性, 这时它的状态趋势由之前的状态决定 (记忆能力)。大气系统虽然具有很高的 Reynolds 数 Re, 但是值得注意的是, 在垂直有界、水平无界的大气系统, 转捩的临界 Reynolds 数 Re_{cr} 也很高, 因此大气低层出现层流和湍流的交替也是很常见的情况。

再次是 Prandtl 数 Pr, 是运动黏性系数与热传导系数之比反映了动量耗散和热量耗散之间的强弱关系, 也是非线性平流相对重要性的程度。一般而言, Pr 数小, 运动黏性系数 ν 小, 表明动量的非线性平流项为主; Pr 数大, 热传导 κ 小, 说明热量的非线性平流项为主, 大气的 $Pr = 0.73$。同时, 为了反映大气湍流的热对流特性, ν/κ 用湍流黏性交换系数 K_m 和湍流热量交换系数 K_T 之比 K_m/K_T 代替, 就是用大气湍流流动的特性代替大气本身的属性, K_m 和 K_T 要比 ν 和 κ 的数值大得多, 更适合大气中实际尺度的运动特性。

第四是 Rossby 数 Ro, 表示水平惯性力与 Coriolis 力之比, 主要是和大气大尺度运动有关, 如大气环流、中尺度的气旋、反气旋等; 也有小尺度的龙卷风, 它们无例外地具有涡旋运动形态, 是运动改变方向的主要因素, 北半球使运动方向向右偏转, 南半球向左偏转, Ro 越小, Coriolis 力的作用越明显, 反之, 惯性力起主要作用。

第五是高度比 β, 一般大气高度 H 在 10km, 水平尺度 L 越大, β 就越小, 不过它主要是对垂直方向的运动有影响, 如 $\dfrac{\mathrm{D}w}{\mathrm{D}t}$ 以及 u, v, θ 在 z 方向的分量, β 越大, 垂直方向的分量就越大。

除了上述五个特征量以外, 还有一个特征量, 就是 Rayleigh 数 Ra, 它与 Ri 的作用正相反, 当 $Ra > 0$ 时, 则有 $Ri < 0$。这个特征数在论述 Lorenz 方程时多次提到, 并给出了定义, 这里重复说明它的物理学意义, 是为了与其他特征数对比和相互参照, 加深理解。真正研究大气系统的动力学和预报问题时, 还必须增加相应的辅助方程, 如盐分、水汽方程等, 考虑到复杂的边界条件 (山脉、陆面、海洋、雪盖、冰川、沙漠、草原等), 特别是通过气象台站和气象卫星提供的观测数据, 尽量准确地确定系统的初始条件。不过这些问题已经不是大气湍流的中心议题了。

10.3　大气边界层和近地层

　　大气边界层是人类生活和活动的主要场所和空间区域, 离地面高约 1.5km 的这一垂直厚度称为大气边界层, 而地面向上米级或十米到几十米级的高度范围则是近地层。正是大气的这个区间才是大气湍流微结构研究的重点, 也是检验湍流理论的天然风洞。地表, 更准确的称谓是下垫面, 也是很复杂的, 有草原、陆地、植被、树冠、低矮建筑物、湖泊、沙漠、山地、丘陵等, 形成地面粗糙度, 对水平运动产生摩擦力, 在测量数据的处理, 特别是建立模型时, 必须考虑这些因素, 提高模型结果的准确性。就大气边界层湍流而言, 理论研究的内容已经属实不多, 从 20 世纪 60 年代开始, 在不同国家和不同地区进行的一系列大型综合观测以及此后的各种专题研究, 已经基本上弄清楚了大气边界层内发生的各种动力学过程, 值得继续深入探讨的有价值的新课题已经不多, 特别是湍流研究方面, 更是如此, 似乎处于 “山重水复疑无路” 的境况, 能否有 “柳暗花明又一村” 的前景, 尚未可知。不过, 这并不意味着大气边界层湍流科学研究的终结, 而是寻找一个新的起点的开端。流体湍流的研究与产品设计结合, 是一条宽广之路; 大气边界层湍流与局地环境评估、预测结合, 也许更加有利于开阔研究的视界。那么, 在过去长期的研究中, 已经有哪些与湍流有关的理论问题获得了结果呢? 以下是值得论述的三个方面, 即边界层的相似性, Monin-Obukhov 长度, 通量–廓线关系。现在对这三个方面简要地概括如下:

　　(1) 首先, 因为近地层的厚度比较小, 湍流在垂直方向的动量、能量和物质 (水汽) 的交换, 可以近似为常数, 不变化, 称之为常通量层。其次, 在前几讲中已经阐明, Reynolds 应力 $\rho \overline{u_i' u_j'}$ 或者 $\overline{u_i' u_j'}$ 本身的物理意义就是动量的输运, 在大气边界层的湍流研究中, 为了方便而直观地显示垂直方向的输运, 一般采用 $\rho \overline{w'u'}$、$\rho c_p \overline{w'T'}$、$\rho \overline{w'q'}$ 分别表示动量、热量和水汽在垂直方向 (z 方向) 的通量, 由于 w' 已经表明是 z 方向的分量, 因此也就不再特意指明垂直方向, 简单地只说动量通量 $\rho \overline{w'u'}$、热量通量 $\rho c_p \overline{w'T'}$ 和水汽通量 $\rho \overline{w'q'}$ 即可; 并用 $\dfrac{\partial (\cdot)}{\partial z}$ 既表示边界层中变量的层结, 又表示变量的廓线 (也就是变量随 z 变化的曲线)。例如 $\dfrac{\partial (u)}{\partial z}$, 既表示速度层结, 又表示速度廓线。

　　(2) 边界层的相似性: Monin 和 Obukhov 在 1954 年提出近地层大气湍流运动中剪切力和浮力作用的规律, 继承老师 Kolmogorov 的方法, 运用量纲分析寻找近地层湍流输运与切应力、浮力之间的关系, 凭借物理直觉和研究湍流的积累, 建立了近地层气象要素的廓线关系式, 断定它们是普适的。如果用 u_* 表示摩擦速度, z_0 表示地面粗糙度, κ 是 Karman 常数, 用量纲分析就可以获得层结与这些变量之间的关系。既然大气边界层有稳定、不稳定和中性层结三种情况，而且也存在相似性，那么，从中性层结进行量纲分析就是一种最简单的情况。根据量纲齐次性和 π 定理

$$f\left(\frac{\partial \bar{u}}{\partial z}, u_*, z\right) = 0 \tag{10.22}$$

要寻找的是 $\frac{\partial \bar{u}}{\partial z}$ 与 u_* 和 z 的关系，由 π 定理可得 $\left[\frac{\partial \bar{u}}{\partial z}\right]^a = [u_*]^b \cdot [z]^c$，即 $[\mathrm{T}^{-1}]^a = [\mathrm{L}^1\mathrm{T}^{-1}]^b [\mathrm{L}^1]^c$，量纲 a, b 和 c 的关系是：$a = b$ 和 $b + c = 0$，而我们关心的是 $\frac{\partial \bar{u}}{\partial z}$，因此可以令 $a = 1$，有 $b = 1$ 和 $c = -b = -1$，也就是 $\frac{\partial \bar{u}}{\partial z} = u_* z^{-1}$，或者 $\frac{z}{u_*}\frac{\partial \bar{u}}{\partial z} = 1$，为了后面相关关系式的需要，这里引入 Karman 常数 κ：$\frac{\kappa z}{u_*}\frac{\partial \bar{u}}{\partial z} = 1$。其他层结变量同样处理，可以得出如下无量纲的表示式

$$\frac{\kappa z}{u_*}\frac{\partial \bar{u}}{\partial z} = \frac{\kappa z}{u_*}\frac{\partial \bar{\theta}}{\partial z} = \frac{\kappa z}{u_*}\frac{\partial \bar{q}}{\partial z} = 1 \tag{10.23}$$

这个关系式很容易求解，积分后可得对数形式的变化规律

$$\begin{cases} \bar{u}(z) = \dfrac{u_*}{\kappa}\ln\dfrac{z}{z_0} + \bar{u}(z_0) \\[2mm] \bar{\theta}(z) = \dfrac{u_*}{\kappa}\ln\dfrac{z}{z_0} + \bar{\theta}(z_0) \\[2mm] \bar{q}(z) = \dfrac{u_*}{\kappa}\ln\dfrac{z}{z_0} + \bar{q}(z_0) \end{cases} \tag{10.24}$$

式中，设 $\bar{u}(z_0) = 0$，这与 Prandtl 流体边界层中速度在边界处无滑移条件类似，也就是近地层平均风速等于零的高度 z_0，即地面粗糙度的高度。可见，$\bar{u}(z)$、$\bar{\theta}(z)$ 和 $\bar{q}(z)$ 随高度 z 的变化规律是相似的，具有普适性。

(3) 如果不是中性层结，情况复杂一些，仍以 $\frac{\partial \bar{u}}{\partial z}$ 为例，除了与 u_* 和 z 有关之外，还与热力因子 θ_* (或 T_*) 及浮力因子 $\frac{g}{\theta}$ 有关，因此量纲分析稍微复杂一些。量纲齐次性的方程为

$$\frac{\partial \bar{u}}{\partial z} = f\left(u_*, z; \theta_*, \frac{g}{\theta}\right) \tag{10.25}$$

共有五个变量，三个独立量纲，因此需要两个量纲为一的量 π_1 和 π_2，其中 π_1 就是上面已经确定的关系式 $\pi_1 = \frac{\kappa z}{u_*}\frac{\partial \bar{u}}{\partial z}$，而 π_2 则按如下量纲关系确定

$$\pi_2 = [u_*]^a [z]^b [\theta_*]^c \left[\frac{g}{\theta}\right]^d = [\mathrm{LT}^{-1}]^a [\mathrm{L}]^b [\mathrm{C}]^c \left[\mathrm{L}^1\mathrm{T}^{-2}(\mathrm{C}^{-1})\right]^d \tag{10.26}$$

量纲关系为：$a + b + d = 0$，$-a - 2d = 0$，$c - d = 0$；设 $d = 1$，则有 $c = 1$，$a = -2$，$b = 1$，

第二个量纲为一的量 $\pi_2 = u_*^{-2}z\theta_*\dfrac{g}{\theta} = \dfrac{z}{u_*^2}\theta_*\dfrac{g}{\theta}$，由于在 $\dfrac{\kappa z}{u_*}\dfrac{\partial \bar u}{\partial z} = 1$ 中引入了 Karman 常数 κ，为了方程的平衡起见，在 π_1 的表示式中也应引入 Karman 常数 κ，即 $\pi_1 = f(\kappa\pi_2) = f\left(u_*^{-2}z\theta_*\kappa\dfrac{g}{\theta}\right)$，括号内的变量可以表示成

$$\frac{z}{u_*^2 / \left(\theta_*\kappa\dfrac{g}{\theta}u_*^2\right)} = \frac{z}{u_*^3/\kappa\dfrac{g}{\theta}\overline{w'\theta'}} = \frac{z}{L}$$

其中，L 就是大气边界层湍流理论和观测中著名的 Monin-Obukhov 长度。我们知道，Richardson 数 Ri 可以判断边界层层结的稳定性，但它随高度而增大，因而层结的重要性就随着高度的增大而增加，这很不便于使用。一个很自然的想法是，引进一个使 $|Ri| = 1$ 的高度作为基准就很有用，这就是 Monin-Obukhov 长度的由来，定义如下

$$L = -\frac{u_*^3}{\kappa\dfrac{g}{\theta}\overline{w'\theta'}} \tag{10.27}$$

负号是由 Richardson 数 Ri 带来。当 $\dfrac{z}{L} > 0$ 时，层结稳定；当 $\dfrac{z}{L} < 0$ 时，层结不稳定；当 $\dfrac{z}{L} = 0$ 时，层结是中性的。有了 Monin-Obukhov 长度 L，就可以由 $\pi_1 = f(\kappa\pi_2) = \pi_1 = f(\kappa\pi_2) = f\left(u_*^{-2}z\theta_*\kappa\dfrac{g}{\theta}\right)$ 得出一个普适的表示式，也是大气边界层中重要的研究内容：近地层各种气象要素的廓线

$$\frac{\kappa z}{u_*}\frac{\partial \bar u}{\partial z} = \varphi_m\left(\frac{z}{L}\right) \tag{10.28}$$

类似地有

$$\frac{\kappa z}{\theta_*}\frac{\partial \bar\theta}{\partial z} = \varphi_\theta\left(\frac{z}{L}\right), \quad \frac{\kappa z}{q_*}\frac{\partial \bar q}{\partial z} = \varphi_q\left(\frac{z}{L}\right) \tag{10.29}$$

图 10.2 是由式 (10.24) 画出的速度随高度变化的廓线，可以看出层结稳定性的变化情况。

大气边界层层结的稳定性是一个经常被重复研究的课题，我们不再深入讨论。其实，大气湍流的扩散应当是湍流运动的重要功能和特性，现在，环境监测、局地大气环境预测和局域环境变化评估，需要积累风场的历史资料，对于高大建筑、机场跑道终端的朝向、核电站选址、大型桥梁、建筑结构、风力发电布局等，都与大气边界层湍流研究密切相关，湍流的发展变化和强度的起伏会引起重大灾害的发生，将边界层湍流研究与这些应用需求结合起来，会使研究工作获得新的动力，从而开辟一片新的领地。

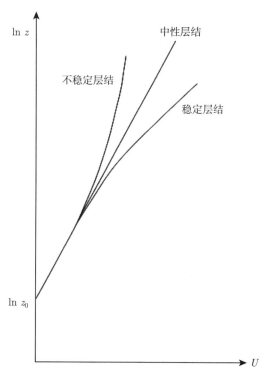

图 10.2 大气边界层的速度廓线, 在中性 (稳定) 层结时是对数廓线, 当大气边界层稳定时, 湍流垂直运动在更高层上受到平均流的抑制, 曲线处于中性 (稳定) 层结曲线的下方; 当大气边界层是不稳定时, 平均流减弱, 湍流的垂直运动加强, 速度随高度的变化更均匀, 因此, 不稳定层结的曲线处于中性层结曲线的上方

10.4 湍流数据的分析方法

Reynolds 对 N-S 方程进行平均, 出现了闭合问题, 这一点我们已经在前几讲中阐述过了, 不过对于 Reynolds 平均方法并未深究, 通常在涉及平均方法时, 理论上无例外地提到三种平均方法, 即系综平均、时间平均和空间平均, 而对于实际上如何获得准确可靠的湍流测量数据的方法, 讨论很少。本节我们想把平均方法与实际测量、湍流信号分析处理结合起来, 进行概括介绍。

湍流是随机信号, 统计理论是必经之路, 对于在随机过程中的随机变量, 需要平均处理, 以体现它的规律性, 即它的概率特性 (期望值或均值), 常用的平均方法有如下三种。

(1) 系综平均: 在同样条件下的 N 次同类试验的平均。

(2) 时间平均: 在某点持续时段为 T 的观测结果的平均。

(3) 空间平均：同一时刻在空间 N 点同时观测结果的平均。

除了时间测量可以是连续观测 (指一般意义) 之外，空间和系综测量基本上不是连续的，能够容易实现的观测大都是离散的，因为不可能在一条线上密集布设观测点，在二维平面和三维空间则更是如此。当然，也有一类设备或工具，如汽车、飞机等，可以对行驶途中的线程与速度、耗油量、气压、温度、湍流强度进行连续记录，因此在数学表示中，就有连续和离散两种方式，如下：

时间平均：连续情况 $\bar{u}(x, T, t_0) = \dfrac{1}{T} \displaystyle\int_{t_0}^{t_0+T} u(x, t)\mathrm{d}t$；

离散情况 $\bar{u}(x, t_0) = \dfrac{1}{N} \displaystyle\sum_{i=1}^{N} u_i(x, t)$；

空间平均：连续情况 $\bar{u}(t, L, x_0) = \dfrac{1}{L} \displaystyle\int_{x_0}^{x_0+L} u(x, t)\mathrm{d}x$；

离散情况 $\bar{u}(x_0, t) = \dfrac{1}{N} \displaystyle\sum_{i=1}^{N} u_i(x, t)$；

系综情况：$\langle u(x, t) \rangle = \dfrac{1}{N} \displaystyle\sum_{i=1}^{N} u_i(x, t)$。

在实际应用中，上述表示符号 $\bar{u}$ 和 $\langle u \rangle$ 经常交替使用，除非特别指明外，不再区分。

对于大气湍流测量来说，最希望的是能在空间进行分布式观测，也有垂直分层观测，如气象塔的不同高度的多参数观测，比较多的是采用超声风速温度仪进行风场观测，可以根据需要进行多点同步测量，超声风温仪器的截止频率和精度都较高，使用十分广泛。

就均匀各向同性湍流而言，一切统计平均与空间位置、空间方向、坐标系的旋转以及平移无关，进一步假设它是平稳随机过程，因而是各态历经的。例如，一个集成运算芯片的静态噪音水平，有两种等价的测量方法，就是测量 1000 个同样芯片的噪音 30min，等价于测量一个同样芯片 1000 × 30min，也就是 500h。这样做的物理根据是，一个芯片在 500h 的噪声状态，就拥有 1000 个芯片各自在 30min 呈现的噪声状态，换句话说，一个芯片经历了 1000 个芯片中每一个芯片在 30min 的噪声状态，这就是各态历经的意思，由于是平稳过程，与测量时间的起点无关，当然，必须保证这两种测量的环境条件一致。

具体到大气边界层湍流测量，在背景风场和湍流脉动并存的情况下，如何测量空间不同点的速度脉动量，就是一个难题。幸运的是，著名科学家 G. I. Taylor，除奠定了湍流统计理论的基础之外，还提出一些重要概念和方法用于湍流的实际问题，"冰冻假设" 就是其中之一。这个假设是，大气风场中经常出现的情况是脉动速度 u' 往往远小于背景风场 $\bar{u}$，也就是说 $u' \ll \bar{u}$，湍流场 u' 如同被冻结在

背景风场 $\bar{u}$ 之上,以定常速度 $\bar{u}$ 流过测试仪器的传感部件 (探头),不同时刻的记录就反映了记录时刻之前不同距离处的湍流脉动值 u'。也就是说,在空间某一点 x_0 处的湍流脉动 $u'(t)$,如果固定在 x_0 观察,只能看到在 x_0 点的 (上下) 起伏,看不见随时间变化的波形,当此脉动 $u'(t)$ 从 x_0 点被 $\bar{u}$ 携载运送到观测仪器的传感部件所在位置 x 点时,就可以看到原来在 x_0 点的 (上下) 起伏,现在被展开在长度为 $(x - x_0)$ 的一段距离上,不过是在时间轴上 $\bar{t} = (x - x_0)/\bar{u}$ 的时间段内展开的。可见,Taylor 的 "冰冻假设" 将时间 $\bar{t}$ 与距离 $(x - x_0)$ 关联起来,更形象地想象,每秒钟 24 幅图片,如果放映机中的胶片不动,屏幕上只是一幅固定图片,当胶片移动后,就看到连续活动的影像画面。"冰冻假设 "的原理大致就是如此。

图 10.3 是实际大气边界层探测的示意图。移动支架上 A 点的传感器,记录了由平均风场 $\bar{u}$ 携载的涡旋经过时的涡旋结构,在右图中也用 A 点标出,z 轴上反映的就是到达 A 点时的一段距离 $\bar{x} = \bar{u}t$ 的波形;$w'(x)$ 和 $w'(t)$ 是时间和空间之间的对应关系,如果涡旋的半径为 r,旋转一周的时间为 $t_{\text{eddy}} = 2\pi r/\omega$,涡随平均风场传递到 A 点的时间是 $\bar{t} = 2r/\bar{u}$。Taylor 的冰冻假设是,当 $t_{\text{eddy}} \gg \bar{t}$ 时,可以认为涡旋被冻结在平均风场 $\bar{u}$ 上。

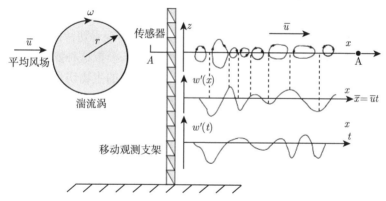

图 10.3 冰冻假设物理意义的示意图 (参考文献 [5], [14] 重新绘制)

下面更详细地分析一下 "冰冻假设" 的深刻含义,当湍流脉动 ξ 被冻结时,就意味着随体导数 $\dfrac{\mathrm{D}\xi}{\mathrm{D}t} = 0$,即 $\dfrac{\partial\xi}{\partial t} = -\left(\dfrac{\partial\xi}{\partial x} + \dfrac{\partial\xi}{\partial y} + \dfrac{\partial\xi}{\partial z}\right)$,这时局地变化是 $\dfrac{\partial\xi}{\partial t}$,它等价于迁移变化 $\left(-\left(\dfrac{\partial\xi}{\partial x} + \dfrac{\partial\xi}{\partial y} + \dfrac{\partial\xi}{\partial z}\right)\right)$,负号表示当前时刻 t 看到的状态 $\xi(t, x, y, z)$,是其前 $\bar{t}$ 时刻处于空间点 (x, y, z) 的状态 $\xi(\bar{t}, x, y, z)$。本质上,是 Lagrange 轨迹时间尺度与 Euler 场空间尺度之间的关联,在这种关联之下,相关函数中空间两点的距离 r 与时间相关的尺度 t 之间有关系式:$r = \bar{u}t$。这样,时间相关与空间相关就

可以相互联系起来

$$B(r) = \overline{\frac{u_1(x_1)u_1(x_1 - r)}{\overline{u^2}}} \stackrel{r = \bar{u}t}{\rightleftharpoons} \overline{\frac{u_1(t')u_1(t' + t)}{\overline{u^2}}} = R_E(t) \tag{10.30}$$

积分长度尺度 L 和积分时间尺度 T_E 的关联如下

$$L = \int_0^\infty B(r)\mathrm{d}r \stackrel{r = \bar{u}t}{\rightleftharpoons} \int_0^\infty R_E(t)\mathrm{d}t = \bar{u}T_E \tag{10.31}$$

希望这些内容有助于读者了解一个看似简单的假设背后所包含的深刻的物理意义，也能大体理解形成这个假设的思索途径和提出的根据。

最后需要介绍的是分析湍流信号的数学工具。由于 Fourier 变换已是基本的和熟知的数学分析方法，子波 (小波) 同样如此，因此，这里就不再涉及它们的基本内容。而 Hilbert-Huang 方法是最近几年才开始兴起的一种分析非线性与非平稳信号的方法，值得在此作一介绍。

我们并不确知这些分析方法的创立者当时是如何想到的，但是，可以根据分析方法本身的特性猜测出一种合理的思路，沿着这条思路当然也可以创立同样的方法。就 Fourier 分析而言，一个周期信号能否用三角函数表示，可以画出曲线试探，可以用两个、三个三角函数进行叠加去近似，因此，通过不断叠加的结果，就可以试探出一个周期信号可以用三角函数表示的结论，而这关键的一步是选择方波信号作为对象去作近似试探。再如子波变换，人们已经很熟悉在显微镜下面观看生物切片的过程，它通过镜头的前、后、左、右移动观看切片的不同部位，提升或降低镜头来调整放大倍数。那么，能否用数学方法模拟这种操作呢？一个生物切片可以用函数 $f(x, y)$ 表示，为简单起见，假定二维的生物切片可以通过从左向右移动，一条线一条线地扫视，因此生物切片就可以用一维函数 $f(x)$ 简化表示。

从初等数学可知，函数 $\psi\left(\dfrac{x - a}{b}\right)$ 表示 $\psi(x)$ 在坐标轴 x 上向右移动距离 a (如果 $0 < a$，就是向左移动)，而 b 则可以改变函数 $\psi(x)$ 的波形大小，观看生物切片就是函数 $\psi\left(\dfrac{x - a}{b}\right)$ 与函数 $f(x)$ 相乘的过程，这一点在第 4 讲和第 9 讲中已经提到过，扫描就是积分。如此一来，模仿显微镜观看生物切片的数学表示式，就可以表示为 $\displaystyle\int f(x)\psi\left(\dfrac{x - a}{b}\right)\mathrm{d}x$，进一步细化这个表示式，如确定积分的上下限 ($\pm\infty$)，函数幅值的归一化 ($1/\sqrt{a}$) 等，最后就得到标准的子波表示式

$$W_f(a, b) = \frac{1}{\sqrt{a}} \int_{-\infty}^\infty f(x)\psi\left(\frac{x - a}{b}\right)\mathrm{d}x \tag{10.32}$$

看起来并不复杂，可是，能够这样想的人却并不多，不知是什么原因呢？

以上是近似试探和模仿显微镜的创新过程，思路是粗糙的，但结果是漂亮的，这无不让人感叹！创新是如此的美妙！

现在，介绍 17 年前提出而近几年才兴起的 Hilbert-Huang 变换。想法很简单：一个非线性、非平稳的信号是由若干个这样的信号组成的，换一种说法就是：一个非线性、非平稳的信号包含了若干这样的子信号。新颖之点在于，不是设想它是否包含其他规则信号，而是设想它就包含同样是非线性、非平稳的信号。而问题的关键在于这样设想之后，下一步该如何？倘若想证实这一点，那就陷入了数学难题的深渊，不可自拔；反过来，从分解这个信号入手，只要分解出若干非线性子信号，那就成功了。Huang(黄锷) 正是这样做的，他采用了"经验模式分解"方法 (EMD)，但是这种分解方法之巧妙，真是让人感叹不已！

Hilbert-Huang 变换 (HHT) 包括两个步骤。步骤一是将原始信号 $s(t)$ 中大小不同的正峰值以平滑的方式连成一条"上包络"曲线，对于负向大小不同的峰值同样连成一条"下包络"曲线，求取上下包络曲线的平均曲线 m_1，用原始信号 $s(t)$ 的曲线减去均值曲线 m_1，获得一条新的曲线 h_1，对曲线 h_1 重复上述过程，直到上下包络曲线以坐标轴 t 上下对称为止，这时得到的新曲线 h_k 就称为第一个本征模态函数 (IMF) 曲线 C_1；用原始信号 $s(t)$ 减去 C_1，剩余部分记为 r_1 将 r_1 作为继续处理的中间信号，如同 $s(t)$ 那样，重复上面的处理过程，直到得出第二个本征模态函数曲线 C_2 和 r_2，继续重复这个处理过程，可以得出 $C_3, \cdots, C_n$，直到 C_{n+1} 是一个没有峰值的曲线为止。这个处理步骤如下式所示

$$\begin{cases} r_1 = s(t) - C_1 \\ r_2 = r_1 - C_2 \\ \cdots\cdots \\ r_n = r_{n-1} - C_n \end{cases} \tag{10.33}$$

将上式中所有剩余部分 r_k $(k = 1, 2, \cdots, n)$ 除去，就得到原始信号和最后的剩余值 r_n，$s(t) = \sum_{k=1}^{n} C_k + r_n$，$r_n$ 是趋势项，或者说是基线漂移、零点漂移。

步骤二是将每一次得到的本征模态函数 C_k 进行 Hilbert 变换，变换后的信号就是一个非线性、非平稳的子信号，得出若干个不同的子信号，便完成了信号 $s(t)$ 的分解。这两个步骤的详细图示如图 10.4 所示。

对信号 $s(t)$ 进行 Hilbert 变换是为了获得它的幅值 $a(t)$ 和相位角 $\theta(t)$，其中，Hilbert 变换的积分需要取主值，记为 PV，具体表示式如下

$$Hs(t) = \frac{1}{\pi} \oint_{\mathrm{PV}} \frac{s(t)}{\pi - \tau} d\tau = \frac{1}{\pi} \oint_{\mathrm{PV}} \frac{s(t - \tau)}{\tau} \mathrm{d}\tau \tag{10.34}$$

求得 $Hs(t)$ 之后，再和信号 $s(t)$ 一起就组成一个解析信号 $z(t)$，如下所示

$$z(t) = s(t) + \mathrm{i}Hs(t) = a(t)\mathrm{e}^{\mathrm{i}\theta(t)} \tag{10.35}$$

式中

$$a(t) = \sqrt{s^2(t) + [Hs(t)]^2}, \quad \theta(t) = \arctan\frac{Hs(t)}{s(t)} \tag{10.36}$$

然后对相位角 $\theta(t)$ 进行求导运算, 可以获得信号的瞬时频率: $\omega = 2\pi f = \dfrac{\mathrm{d}\theta(t)}{\mathrm{d}t}$。顺便指出, Hilbert 变换也可以按如下方式定义

$$Hs(t) = \frac{1}{2\pi}\int_{-\infty}^{\infty} S(\omega)\mathrm{e}^{\mathrm{i}\omega t}\mathrm{d}\omega = \frac{1}{\pi}\int_{0}^{\infty} S(\omega)\mathrm{e}^{\mathrm{i}\omega t}\mathrm{d}\omega \tag{10.37}$$

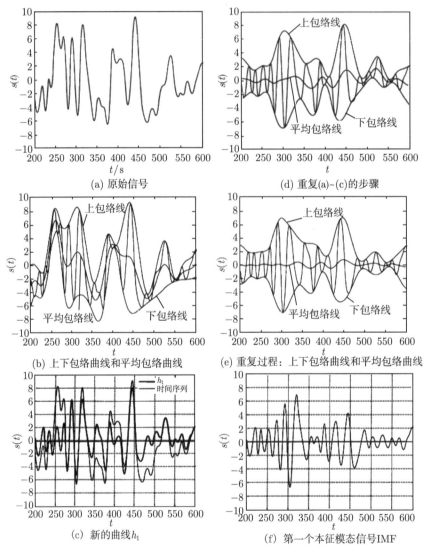

图 10.4　信号 $s(t)$ 分解的两个步骤的详细图示 (引自附录文献注释 [14])

式中, $S(\omega)$ 是信号 $s(t)$ 的 Fourier 变换。Hilbert-Huang 变换的另一个特点是, 原始信号可以只是数据, 全部处理是以数字方式完成的, 近期的发展是算子形式和自适应分解方法, 改善和克服该变换中存在包络分解的混叠效应。

图 10.5 为我国 130 年平均气温的一个经验模态分解的实例, $C_1, C_2, C_3, C_4, C_5, C_6$ 是按照 Hilbert-Huang 变换获得的六个模态, 其中 C_6 是趋势项, 也就是零线漂移。可以从式 (10.33) 看出前五个本征模态的叠加就是信号 $s(t)$, 而 C_6 就是剩余项 r_n。

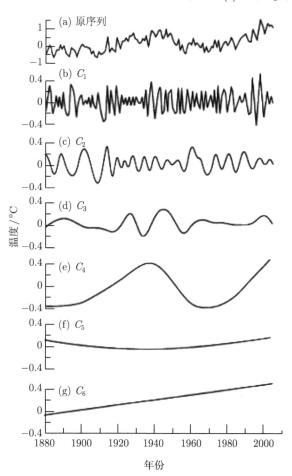

图 10.5 我国 130 年平均气温的一个经验模态分解的实例, C_6 是趋势项, 也就是零线漂移
(引自附录文献注释 [14])

结　束　语

从 1883 年的 Reynolds 演示实验到现在,已经有 132 年了,跨越了 3 个世纪,足可以称得上是世纪难题。在这个领域,曾经云集了大批优秀研究者,取得了重要成果和进展,推动了流体力学的深入发展,也影响和促进了物理学、大气科学、海洋科学的发展,对化学、材料科学的发展以及在工程技术的应用方面 (如燃烧的火焰模型的建立,飞行器和舰船的形体设计) 做出了重要贡献,这是昔日的辉煌。而今,正像湍流本身一样,研究和发展也有起伏变化和间歇性,现有成绩的取得是以往长期努力后的必然结果。新的研究方向是否合适,能否取得新成绩,自然具有不可预测性。

湍流研究的下一步向何处?我们作为这本小册子的作者,的确没有能力回答,从事湍流研究的众多科技人员,有的从事建立模型和进行数值模拟方面的工作,有的是在探讨层流转捩为湍流后的动力学行为,也有的研究者对转捩本身有很大兴趣,更有从事湍流控制减小阻力的工程实践。作者寄希望于计算机硬件的发展和新算法的出现,在未来几十年内能够直接对 N-S 方程进行求解。N-S 方程对数学家的智力和能力的挑战,还要持续下去,不能指日可待,即使是持续到下一个世纪,那也是很自然的事。

这些年,非线性动力学的兴起致力于复杂性的探索,湍流是这个学科的重要研究内容,从事湍流研究的科技人员,熟悉非线性动力学的一些研究方法,特别是分形、混沌、分岔等,也许在湍流研究中能有所收获。

在 Kolmogorov 时期的一大批湍流研究的领军人物之后,现在国际上没有大师,国内没有权威的情况,正好反映了湍流研究的困境。N-S 方程的求解不是湍流的全部内容,Reynolds 方程揭示了随机性和确定性共存的复杂性。湍流研究实际上是从研究 Reynolds 方程开始的,将湍流研究作为流体力学的一个重要组成部分,与应用研究密切结合,才能获得深入的发展,这也是作者的希望。

作者感谢所有完整阅读这本小册子的读者,湍流研究的下一步向何处,是你们需要认真思考的问题,尤其是创新的研究者。

唐代著名文学家韩愈曾经说过:业精于勤,荒于嬉,行成于思,毁于随。又说:书山有路勤为径,学海无涯苦作舟。这是每一个研究生、每一个研究者都必须记住的至理名言,如果希望自己能够有所成绩,那就下定决心驾驶着求知和创新的舟船到知识的海洋里去探险吧!

附录　相关文献的注释

在湍流研究领域有大量文献资料和专著，不可能全部阅读，作者建议下述的几本著作可以作为学习时的参考，对书中内容有选择地阅读。它们是：

(1) Tritton D J.《物理流体力学》. 董务民，张志新，李汝庆，金和，王清泉，许慧己译；游镇雄，董务民校。北京：科学出版社，1986. 这本书不需要预先具备很多关于流体力学方面的专业基础知识，也不需要张量方面的数学准备，主要是从物理学方面介绍湍流的基本理论、分析方法、实验结果，所用数学理论也是非常基础的知识，物理解释透彻、清楚，是一本适合不同专业读者了解湍流的入门著作。本书得到著名力学家谈镐生院士生前极力推荐，翻译者也都是当时从事力学研究的名家，全书语言流畅，译文准确。英文有第二版，主要是补充了混沌、分形等非线性动力学的内容，增补新内容一章。

(2) 胡非.《湍流、间歇性与大气边界层》. 北京：科学出版社出版，1995. 该书对湍流中重要的概念、问题都有深刻的分析，特别是从非线性动力学出发，对近年来湍流研究的热点问题，如拟序结构、间歇性、标度律等都有全面透彻的阐述，对我国湍流研究的历史、取得的成绩和进展作了详细的介绍，对今后值得研究的问题也提出了建议，所需数学知识也限于大学普通微积分和一般微分方程，文笔流畅，内容新颖，可读性很高，也是将经典湍流研究与非线性动力学方法结合起来的一本专著。

(3) Frisch U. *Turbulence*. 北京：世界图书出版公司，1995. 这是一本专门介绍湍流统计理论的著作，以 Kolmogorov 学派的研究成果为主要内容，也兼顾了分形和标度律的研究，包括作者及其同事的研究结果，介绍了中国学者佘振苏的标度律模型，有适量的插图，帮助理解正文内容，还包括 Landau 质疑 Kolmogorov 的详细资料，并特意介绍了几种湍流著作，全书约 300 页，也是了解湍流统计理论的入门著作。作者是法国湍流研究的领军人物，一直在湍流领域从事研究工作。

(4) 庄礼贤，尹协远，马晖扬.《流体力学》.(第二版) 合肥：中国科学技术大学出版社出版，2012. 书中详细介绍了流体力学的基本概念、主要内容、必要的分析方法和数学知识的应用、不可压缩流体和黏性流体的特性、湍流概论、边界层理论等，概念清晰，图文并茂，可读性高，是学习和补充流体力学知识的一本很适合的著作。

(5) 陈义良，朱旻明.《物理流体力学》. 合肥：中国科学技术大学出版社，2008. 该书紧密结合湍流问题而介绍有关的流体力学知识，内容精炼，概念清楚，图文并茂, 相得益彰, 使读者更容易理解书中内容, 是充实流体力学知识的很合适的著作, 可以和 Tritton D J 的物理流体力学结合起来学习。

(6) 章梓雄, 董曾南. 《黏性流体力学》(第二版). 北京: 清华大学出版社, 2011. 这是一本论述黏性流体内容的极具参考价值的著作。书中在介绍了流体力学的有关知识之后, 几乎都是围绕湍流的研究内容进行论述, 数学表述和分析很容易理解, 概念解释十分清楚明确, 书中有大量插图, 非常精致, 对帮助读者理解深奥的流体问题十分有效, 该书可以反复阅读和学习。

在介绍了上述著作之后, 下面将要介绍几本湍流方面的著作:

(7) 朱克勤, 许晓春. 《黏性流体力学》. 北京: 清华大学出版社, 2009. 书中前五章介绍流体的知识, 后四章全部是湍流方面的内容。还有张兆顺、崔桂香和许晓春著的 “湍流理论和模拟”, 可以合起来学习, 作为教材, 专门介绍湍流的主要内容, 已经是很详尽, 也许是受讲授课时的限制, 听课不会有太大困难。由于正文叙述过于精炼, 自学时可能会遇到一些难以理解的问题, 需要时常复习和阅读。

(8) Pope S B. *Turbulent Flows*. 北京: 世界图书出版公司, 2000. 这是一本很好的关于湍流的著作, 作者和湍流界的名家 Tennekes, Lumley 都是同事, 也是一个最早由 Panofsky H A (国际著名期刊*Boundary-Layer Meteorology*的创始人和第一任主编) 领军的团队的后起之秀, Pope 认为, 湍流研究基本上有四方面的内容, 一是湍流的动力学行为如何; 二是如何定量描述; 三是湍流包括哪些基本的物理过程; 四是如何构建方程和模型来模拟湍流的动力学行为。前三个内容已经由 Tennekes 和 Lumley 合著的*A First Course in Turbulence*一书作了精辟的论述; 而他本人的这本书只是在第四个内容方面进行论述, 也就是建模和数值模拟。其实, 这本书有丰富的湍流基本内容, 很有参考价值, 概念清楚。书中内容安排很合理, 有一些重要内容虽未在正文中出现, 但是以练习题的方式给出, 还作了必要的提示和说明, 使读者容易将所学内容连贯起来, 这个特点很突出, 也很实用。总起来看, 这是一本学习湍流的必读参考书。

(9) Oertel H 等. 《普朗特流体力学基础》. 朱自强, 钱翼稷, 李宗瑞译. 北京: 科学出版社出版, 2013. 这是一本世界流体力学名著, 原本由普朗特著, 以后由他的学生增补和修订, 至今已是第十一版。这本书的特点是语言明快, 概念清楚, 论述精炼, 图注恰当, 数学的运用为文字曾辉, 真是大师级精品。读这本书不仅是在学习知识, 也是一种文化的享受, 翻译极其认真, 似有信达雅的水准, 是一本难得的优秀参考书。

(10) Monin A S, Yaglom A M. *Statistical Fluid Mechanics*: *Mechanics of Turbulence*, Volume I and II. (上册 769 页, 下册 874 页). 北京: 世界图书出版公司 (售价共 400 多元). 英文由 Lumley J L 任编辑, 1975 年出版。这是被国际湍流界誉为 “湍流的圣经” 的著作, 参考文献 1000 多份, 极为详尽地论述了湍流的各个方面,

数学推演非常详细，解释透彻，文笔流畅易懂，写作极端认真，其他方面就不必赘述了，当读完前面的书后，就来读这本书，对于开阔视野、深入理解湍流的各方面，非常有好处。这也是把它排列在后面的意图。

(11) Tennekes H, Lumley J L. 《湍流初级教程》. 施红辉，林培锋，金浩哲译. 北京：科学出版社出版，2015. 1972 年由美国 MIT 出版社出版，43 年后中文译本出版。该书在 43 年后翻译出版，理应有一篇作者的序言，对 43 年来湍流的进展和书中哪些内容已经不很实用，或者需要修改补充等进行说明，遗憾的是缺少这样一篇原作者撰写的序言。这本书的内容并不是连贯安排，当时用作教材，可以通过讲授进一步解释清楚，自学阅读时就感到不方便。但是，它有一个突出的特点，就是具有百科书籍那样的功能，每一小节都类似一个条目，可以检测你学习后的理解是否准确到位，因此，也是值得放在后面阅读的原因。

(12) 朗道Л Д，栗弗席兹E M. 《流体动力学》(第五版). 李植译，陈国谦校。北京：高等教育出版社. 2013. 这本专著已经不必多言，是世界物理学界的名著，原作者也很重视本书的写作，内容主要是流体动力学，前六章都属于流体力学和湍流理论的内容，论述精辟，起点较高，每章附有很有价值的习题，由于难度很大，习题给出了详细的解答，实际上成为正文的重要补充。阅读本书，可以体会大师级著作的风格，从而提高视点，翻译非常认真，文笔流畅，增添了许多注释，为阅读提供了方便，实在是一本应该认真阅读的名著。

(13) Batchelor G K. *The Theory of Homogeneous Tuebulence.* Cambridge Univesity Press, 1953. 这是一本著名的、直到现在仍然被国际湍流界公认的、介绍湍流统计理论的标准著作. 作者对湍流研究做出了卓越贡献，特别是对 Kolmogolov 理论的发展功不可没，这本书值得每一位从事湍流研究的科技人员阅读和学习。

下面介绍两本非线性动力学方面的著作：

(14) 刘式达，刘式适. 《物理学中的分形》. 北京：北京大学出版社，2014. 该书属于国家出版基金项目中的物理学精品书系. 书中介绍了分形、混沌、湍流、子波、自组织临界现象、标度律、时间序列和分数阶动力系统，也包括重整化群方法的应用，作者是这一领域的资深教授，概念清晰，语言精炼，图文并茂，每一章的内容相对独立，便于阅读，但整书又将各章联系起来，使读者从整体上理解分形动力学的意义和分析方法，是学习非线性动力学的重要参考书。

(15) Bohr T, Jensen M H, Paladin G, Vulpiani A. *Dynamical Systems Approach to Turbulence.* 原书 1998 年出版，北京：世界图书出版公司，2012. 该书是论述混沌和湍流的专著，对于壳模型 (GOY)、层次结构模型论述比较详细，也介绍了相湍流等内容，对熟悉国外一些湍流研究者的思路和论述风格有帮助，可以作为参考书阅读。

需要介绍的参考书不止这些，我们曾有过许多湍流方面的著作，如 G. K. 巴切勒的《流体动力学引论》，J. O. Hinze 的《湍流》，蔡树堂的《湍流理论》和大气湍流方面的著作等，遗憾的是，随着我们打工的课题和专业的变更，这些书都送给其他同事和朋友了，当然也有失散的，对于这些未能在此逐一列举的著作，我们深感内疚。另外，本书中有一些插图是从网上转载的，无法联系到原作者，请谅解。

参 考 文 献

[1] 胡非. 湍流、间歇性与大气边界层. 北京：科学出版社出版，1995

[2] 冯元桢. 连续介质力学初级教程. 第三版. 葛东云，陆明万，译. 北京：清华大学出版社，2009

[3] 郭永怀. 边界层讲义. 合肥：中国科学技术大学出版社，2008

[4] 朗道 Л Д，栗弗席兹 E M. 流体动力学. 第五版. 李植译. 北京：高等教育出版社，2013

[5] 刘式达，刘式适. 物理学中的分形. 北京：北京大学出版社，2014

[6] 刘式达，梁福明，刘式适，等. 大气湍流. 北京：北京大学出版社，2014

[7] 吕盘明. 张量算法简明教程. 北京：中国科学技术大学出版社，2004

[8] 是勋刚. 湍流. 天津：天津大学出版社，1994

[9] 赵松年，熊小芸. 子波变换和子波分析. 北京：电子工业出版社，1996

[10] 赵松年. 非线性科学——它的内容、方法和意义. 北京：科学出版社，1994

[11] 赵松年，大气非线性与湍流过程中复杂性的研究与进展. 力学进展，1995,25(4): 471-500

[12] 赵松年，胡非. 湍流问题：如何看待均匀各向同性湍流? 中国科学：物理学 力学 天文学，2015, 45 (2):1-8

[13] 赵松年，于允贤. 突变理论及其在生物医学中的应用. 北京：科学出版社出版，1987

[14] 张宏昇. 大气湍流基础. 北京：北京大学出版社，2014

[15] 周恒，张涵信. 号称经典物理留下的世纪难题 "湍流问题" 的实质是什么? 中国科学：物理学力学天文学，2012, 42 (1):1-5

[16] Anselmet F, Gagne Y, Hopfinger E, et al. High order velocity structure functions in turbulent shear flows. J. Fluid Mech., 1984, 140: 63-89

[17] Batchelor G K, Townsend A A. The nature of turbulent motion at large wave-numbers. Proc. R. Soc. Lond. A,1949, 199: 238-255

[18] Belin F, Tabling P, Willaime H. Exponents of the structure functions in a low temperatures helium experiment. Physica D, 1996, 93: 52-63

[19] Benzi R, Ciliberto S, Baudet C, et al. On the scaling of 3-dimensional homogeneous and isotropic turbulence. Physica D, 1995, 80: 385-398

[20] Benzi R, Ciliberto S, Baudet C, et al. On the scaling of 3-dimensional homogeneous and isotropic turbulence. Physica D, 1994, 80: 385-398

[21] Benzi R, Biferale L, Ciliberto S, et al. Generalized scaling in fully developed turbulence. Physica D, 1996, 96: 162-181

[22] Blumenthal R M, Menger K. Studies in geometry. San Francisco: W. H. Freeman, 1970

[23] Drazin P G. Nonlinear System. Cambridge, New York: Cambridge University Press, 1992: 125-126

[24] Dubrulle B. Intermittency in fully developed turbulence: Log-Poisson statistics and generalized scale covariance. Phys. Rev. Lett, 1994, 73: 957-959

[25] Farge M. The continuous wavelet transform of two dimensional turbulent flow. In Rukai ed.: Wavelets and their applications. Jones and Bartlett Publisher, 1992

[26] Feigenbaum M J. The universal metric properties of nonlinear transformation. J. Statist. phys, 1979, 21: 669-706

[27] Feller W. An introduction to probability theory and its applications. New York: Wiley, 1991

[28] Fujisaka H, Nakayama Y, Watanabe T, et al. Scaling hypothesis leading to generalized extended self-similarity in turbulence. Phys. Rev. E., 2002, 65(4): 04603(1-16)

[29] Frisch U. Turbulence: The Legacy of A. N. Kolmogorov. Cambridge:Cambridge University Press,1995: 120-140

[30] Frisch U, Sulem P L, Nelkin M. A simple dynamical model of intermittent fully developed turbulence. J. Fluid Mech., 1978, 87: 719-736

[31] Frisch U, Orszag S A. Turbulence: challenges for theory and experiments. Phys. Today, 1990, 1: 24-32

[32] Gledzer B E. System of hydrodynamic type admitting two quadratic integrals of motions. Sov. Phys. Dokl, 1973, 18: 216-217

[33] Huang N E, Shen Z, Long S R, et al. The empirical mode decomposition and the Hilbert spectrum for nonlinear and non-stationary time series analysis. Priceedings of the Royal Society of London. Series A Mathematical, 1998, 454 (1971): 903-995

[34] Kaimal J C, Finnigan J J. Atmospheric Boundary Layer Flow. Oxford: Oxford University Press, 1994

[35] Katul G, Vidakovic B, Albertson J. Estimating global and local scaling exponents in turbulent flows using discrete wavelet transformations. Physics of Fluids, 2001, 13: 241-250

[36] Kolmogorov A N. A refinement of previous hypotheses concerning the local structure of turbulence in viscous incompressible fluid at high Reynolds number. J. Fluid Mech, 1962, 13: 82-85

[37] Kolmogorov A N. Local structure of turbulence in an incompressible viscous fluid at very high Reynolds numbers. Dokl. Akad. Nauk SSSR, 1941, 30: 301-305 (Reprinted: Proc. R. Soc. Lond. A, 1991, 434: 9-13).

[38] Kundu P K, Cohen I M, Dowling D R. Fliud Mechanics. Fifth edition. Academic Press is animprint of Elsevier, 2012; 世界图书出版公司, 2013

[39] Mandelbrot B. The fractal geometry of nature.New York: W. H. Freeman and Company, 1977

[40] Mandelbrot B. On intermittent free turbulence//In Turbulence of Fluids and Plasmas. New York: Brooklyn Polytechnic Inst., 1968: 16-18

[41] Noullez A, Wallace G, Lempert W, et al. Transverse velocity increments in turbulent flow using the relief technique. J. Fluid Mech, 1997, 339: 287-307

[42] Obukhov A M. Some specific features of atmospheric turbulence. J.Fluid Mech., 1962, 13: 77-81

[43] Parisi G, Frisch U. On the singularity structure of fully developed turbulence, in Turbulence and predictability in geophysical fluid dynamics and climate dynamics. North-Holland Amsterdam, 1985

[44] Richardson L H. Weather Prediction by Numerical Process. Cambridge: Cambridge University Press, 1922

[45] Ran Z. One exactly soluble model in isotropic turbulence. Adv Appl Fluid Mech., 2009, 5: 41-67

[46] Ruelle D, Takens F. On the nature of turbulence. Comm. Math. Phys., 1971, 20: 167-192

[47] Sedov L L. Similarity and Dimensional Methods in mechanics. New York: Academic Presss, 1959

[48] She Z S, Waymire E. Quantized energy cascade and Log-Possion statistics in fully developed turbulence. Phys. Rev. Lett., 1995, 74: 262-265

[49] She Z S, Leveque E. Universal scaling laws in fully developed turbulence. Phys. Rev. Lett., 1994, 72: 336-338

[50] She Z S, Jackson E S, Orszag A. Intermittent vortex structures in homogeneous isotropic turbulence. Nature, 1990, 344: 226-228

[51] Wiggins S. Introduction to applied nonlinear dynamical systems and chaos. New York: Springger-Verlay, 1992

[52] Zhao S N. Synchrocascade pattern in the atmospheric turbulence. Journal of Geophysical Research, 2003, 108(D8), 4238: 1-8

[53] Zhao S N, Xiong X Y, Cai X H, et al. A new turbulence energy cascade pattern and its scaling law. Europhys. Lett., 2005, 69 (1): 81-87

索 引